第一本波蘭液種專門書

# 麵團發酵食研室
## Campagne

村吉雅之

# 前言

法式鄉村麵包的原文是「Pain de campagne」，
也稱為「法國酵母麵包」，
是一種來自法國、切開來與人分享的大尺寸佐餐麵包。
至於由來，眾說紛紜，一說是首都巴黎人懷念故鄉、
田園、大自然而製作出來的。
從前，這種麵包有一些定義，例如：
——放入裸麥麵粉。
——放入低精製度的麵粉。
——放入「魯邦種」（Levain）這種發酵種。
爾後流傳開來，不同國家、地區，乃至不同的製作者，
均發展出獨特的配方、做法及烘焙方式等；
在日本，將發酵到一定程度的麵團放入發酵籃中繼續發酵，
用這種發酵方式做出來的麵包，也叫做「鄉村麵包」。
因此，定義似有若無，可說是任由製作者自由發揮的麵包。

我第一次邂逅鄉村麵包，是來東京的時候。
起初以為就是胖墩墩的法國麵包，但一吃，
發現它具有獨特的深邃滋味，不像白飯，
但像糙米飯或麥飯，非常好吃。
沒多久，我在家裡做起麵包，
也就烘烤出自家的鄉村麵包了。

用很少的材料迅速做成麵團，
並把易受季節影響而難以掌控的發酵程序交給冰箱，
然後慢慢等待麵團熟成。
就是這麼輕鬆簡單，
因此能在日常生活中隨興烘烤出美味的鄉村麵包。
可以做成奶油烤吐司、三明治，
也可以塗上蜂蜜變成甜點，或是當成晚餐。
細細咀嚼，美味於口中擴散開來，
單純的滋味叫人百吃不厭。

就讓我介紹一下我的鄉村麵包日常吧！

村吉雅之

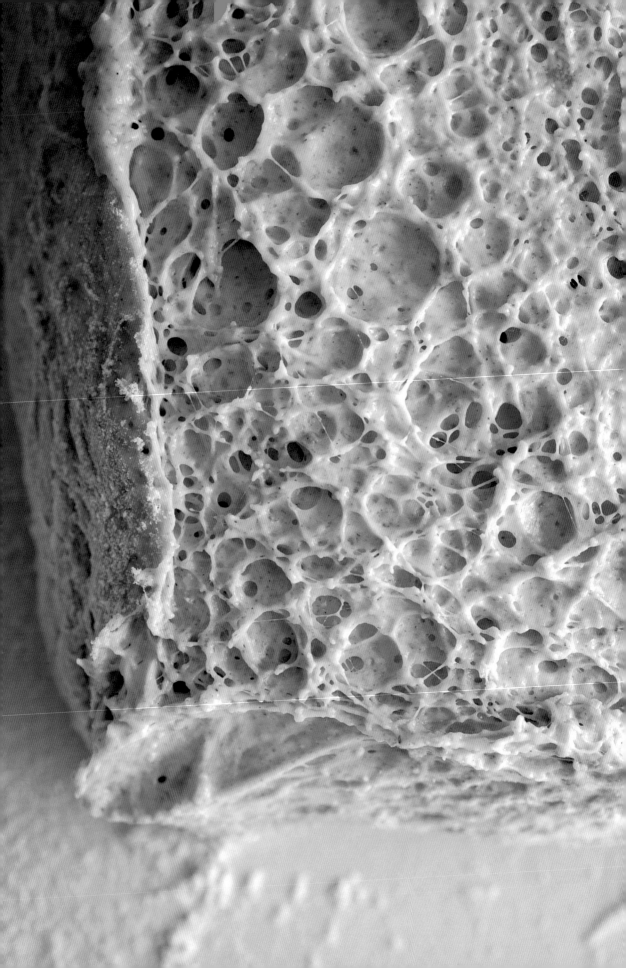

# 低溫冷藏，慢慢發酵

美味的法式鄉村麵包，特色在於麵團裡面有大大小小的氣泡。
一般的麵團是將麵粉摻水揉好後直接發酵，
但這樣氣泡不會好好長大，麵團裡只會充滿密密麻麻的小洞。
這樣的麵包當然也好吃，但作為用料少的佐餐麵包，
就是要吃出麵粉的麥香、發酵所產生的深邃香氣；
很遺憾，這樣的麵包完全展現不出來。
要解決這個遺憾，訣竅有二：
——將麵粉與水充分「水合」。
——讓麵團慢慢發酵。

「水合」（Autolyse），又稱「水解」、「自我分解」，
意思是一顆一顆粉粒，連粉芯都要與水徹底融解在一起。
水合後的麵粉，經烤箱烘烤，會變成彈性十足的麵包，滋味鮮甜，
又有麵粉原本的麥香。而且經過幾天，依然保有濕潤的口感。
那麼，「慢慢發酵」又是什麼意思呢？
讓麵團「慢慢發酵」，自然無需放太多酵母，可低降發酵溫度，
不致產生討厭的酒精味，所產生的氣泡能散發出深邃的香氣，
烤出來的麵包也有更長的賞味期。

本書介紹多款鄉村麵包的製作方法，
所使用的麵團都是先做好「波蘭種」這種發酵種
（將麵粉與足量的水分徹底「水合」後，放入冰箱冷藏發酵），
然後摻入主麵團中。
這麼一來，用少量的酵母便能達到穩定的發酵效果，
在家也能烘烤出芳香美味的鄉村麵包了。
此外，一次發酵也是放入冰箱冷藏庫中進行。
將麵團放入冰箱冷藏 6 ～ 12 小時即可，
無需費心控制溫度便能慢慢發酵，
因此麵團的擴展時間（Peak time）變長了，
即便製作過程延遲了 1 ～ 2 小時也不礙事。
例如晚上放進冰箱冷藏，早上烘烤；
可隨自己的時間方便，讓芳美誘人的鄉村麵包熱呼呼出爐。

# Contents

本書使用須知

- 本書介紹的鄉村麵包，已經設計成使用家庭烤箱可一次烘烤出來的份量。
- 使用烤箱前，請確實預熱。
- 本書介紹的鄉村麵包，已經設計成使用家庭烤箱的溫度與時間。不過，依烤箱機種與性能的不同，可能有所誤差。請參考本書的麵包完成圖，在烘烤時間不變的情況下，適當地調整溫度。
- 一小匙為 5ml、一大匙為 15ml、一杯為 200ml。
- 極少量的調味料標示為「少許」，約為拇指與食指捏起來的份量。
- 「適量」指適當的份量。

基本鄉村麵包
→ recipe p.56

全麥鄉村麵包
→ recipe p.60

原味鄉村麵包
→ recipe p.61

原味鄉村麵包
〔用吐司模型烘烤〕
→ recipe p.63

13

蕎麥鄉村麵包
→ recipe p.64

〔白花椰菜濃湯〕
→ recipe p.92

裸麥鄉村麵包
→ recipe p.66

18

〔火腿佐茅屋起司三明治〕
→ recipe p.92

裸麥優格鄉村麵包
→ recipe p.67

〔法式烤吐司〕
→ recipe p.92

雜糧鄉村麵包
→ recipe p.70

〔奇異果佐酪梨開放式三明治〕
→ recipe p.93

23

核桃鄉村麵包
→ recipe p.71

〔義式蔬菜湯〕
→ recipe p.93

葡萄乾鄉村麵包
→ recipe p.72

〔羽衣甘藍佐堅果沙拉〕

→ recipe p.94

薑黃鄉村麵包
→ recipe p.73

〔紐奧良雞肉三明治〕

→ recipe p.94

小型蔓越莓佐小豆蔻鄉村麵包
→ recipe p.74

迷你巧克力鄉村麵包
→ recipe p.76

小型栗子佐莓果鄉村麵包
→ recipe p.77

小巧櫻花佐甜豌豆鄉村麵包
→ recipe p.78

柿乾鄉村麵包
→ recipe p.80

洋甘菊佐綠葡萄乾鄉村麵包
→ recipe p.81

〔檸檬醃魚〕
→ recipe p.94

芝麻佐香橙鄉村麵包
→ recipe p.82

〔獅子頭白菜湯〕

→ recipe p.95

番茄乾佐香草鄉村麵包
→ recipe p.83

起司佐墨西哥辣椒鄉村麵包
→ recipe p.84

〔清蒸白酒蛤蜊〕
→ recipe p.95

# Campagne

法式鄉村麵包食譜

# 材料

## （2）裸麥麵粉

鄉村麵包要充滿麥香，就少不了裸麥麵粉。請選用可以迅速吸收水分的細粉狀麵粉。此外，拆封後應放入冰箱冷藏以免品質受損。

## （3）全麥麵粉

使用製作麵包專用的全麥麵粉。由於用量較少，請購買小包裝的，且拆封後同裸麥麵粉一樣，應放入冰箱冷藏保存。

## （1）高筋麵粉

法式鄉村麵包通常使用準高筋麵粉，但這種麵粉一般家庭比較少用，因此本書介紹的做法都已經替換成高筋麵粉了。請選擇蛋白質含量少的麵粉才適合做硬式麵包、鄉村麵包。如果選用日本的高筋麵粉，我推薦北海道產的「北國之香」（キタノカオリ）、九州產的「南方之香」（ミナミノカオリ）等。「北國之香」可烘烤出可口的鮮甜滋味，「南方之香」可烘烤出怡人的芳香氣息。

## （4）酵母、鹽、水

酵母使用速發乾酵母。鹽巴使用帶有鮮甜味的天然海鹽。水則使用礦物質成分較少的常溫自來水。

木鏟

打蛋器

（1）

（2）

（4）

（5）

烘焙紙

（3）

（6）

（8）

（7）

磅秤

TANITA

（10）

ziploc

（9）

# 工具

## （1）調理盆

直徑 20cm 左右的調理盆較好用。

## （2）調理盆蓋

將波蘭種放在冰箱冷藏發酵時可以蓋著。也可用保鮮膜代替。

## （3）發酵籃

本書使用直徑 16cm 左右的圓型及長度 20cm 的橢圓型發酵籃。如果家裡沒有，也可在過濾籃中鋪上一塊布來代替。

## （4）烘焙專用手套

五指分開的烘焙專用手套，比連指的隔熱手套方便，而且隔熱效果佳，不必擔心燙傷。也可以套上兩只較厚的工作用白棉手套來代替。

## （5）竹籤

用來戳破麵團發酵後所產生的氣泡。

## （6）割紋刀

在鄉村麵包上劃出紋路時使用。選用鋒刀的割紋刀，就能劃出美麗的割紋。

## （7）刮板

舀起麵團、整理麵團、切割麵團時使用。

## （8）濾網

撒手粉時使用。

## （9）鍋蓋

從發酵籃中拿出麵團時就能派上用場。將烘焙紙、鍋蓋依序放在發酵籃上，再整個翻過來，就能直接移到烤盤上了。

## （10）保鮮盒

用來放入波蘭種或麵團，使之發酵。本書使用 15cm 四方，高度約 8cm 的 1100ml 方型保鮮盒。塑膠材質、平底、底面同上面一樣大的較好用。

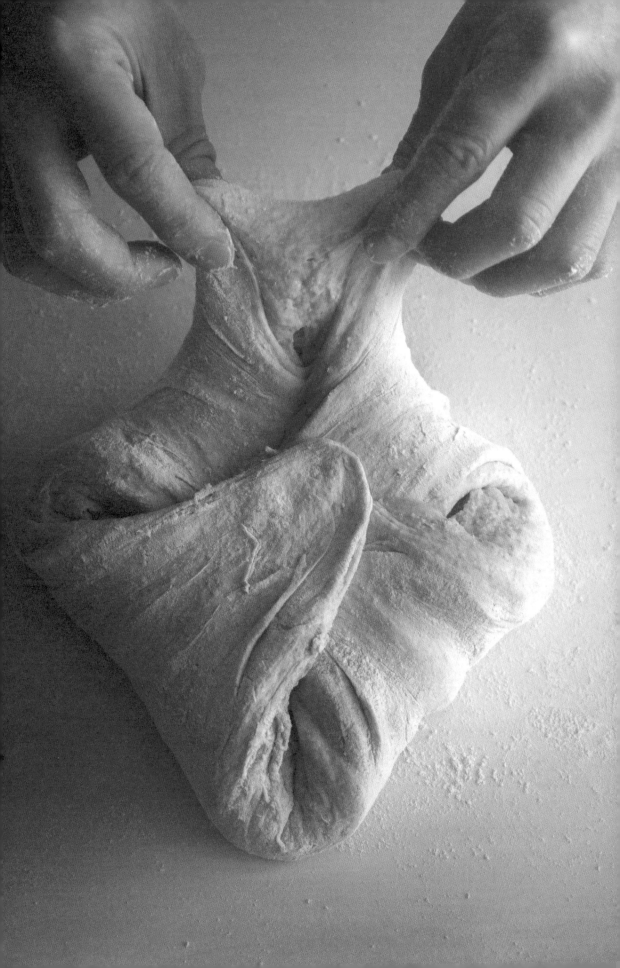

# 波蘭種的製作方法

波蘭種又稱為波蘭酵頭、波蘭液種，

取一些將要使用的麵粉，放入酵母和較多的水分，

進行「水合」後再讓它發酵。

將發酵後的麵團摻入主麵團中，就能產生麵粉本來的滋味與發酵的深邃香氣，

輕鬆彌補用直接法製作所難以呈現的風味。

並且，由於是放入事先發酵好的麵團，因此發酵作業更簡單、更穩定。

**材料**（基本鄉村麵包，約 3 個份）

高筋麵粉 … 300g
水 … 300g
鹽 … 5g
酵母 … 1g

**作法**

❶ 調理盆中放入鹽巴和水，用打蛋器打到
鹽巴溶解為止。

❷ 放入高筋麵粉和酵母，改拿木鏟，攪拌到
沒有粉粒為止。

❸ 用保鮮膜或盆蓋覆蓋調理盆，防止麵團表
面乾燥，然後於室溫中靜置 90 ～ 120 分鐘
以上 A。

❹ 讓麵團發酵到膨脹起來，表面出現很多氣
泡為止 B。

❺ 移到保鮮盒中 C，蓋上盒蓋，放入冰箱冷
藏 3 ～ 6 小時以上，使之完全水合、發酵
D。

---

**保存期限**

發酵種即便放入冷藏也會持續發酵而遞減
效力，可使用的期限約 3 ～ 4 天。

---

# 基本鄉村麵包

麵團為使用高筋麵粉、裸麥麵粉、全麥麵粉之基本配方的麵包。入口芳香四溢，口感 Q 彈，而且越嚼越有麵粉的鮮甜。如果將裸麥麵粉和全麥麵粉的比例調整成 1:1，香氣更明顯。

**材料**（圓型發酵籃，1 個份）

高筋麵粉…150g
裸麥麵粉…30g
全麥麵粉…20g
波蘭種…200g
酵母…1g
鹽…4g
蜂蜜…3g
水…110 ～ 125g
手粉…適量

## 作法

### 混拌

❶ 調理盆中放入鹽巴、蜂蜜、水，用打蛋器打到鹽巴溶解為止 A。

❷ 放入高筋麵粉、裸麥麵粉、全麥麵粉、波蘭種、酵母，改拿木鏟，攪拌到沒有粉粒為止 B、C。

### 水合

❸ 麵團成團後，用保鮮膜或盆蓋覆蓋調理盆，防止麵團表面乾燥，然後於室溫中靜置 30 分鐘，使之水合。

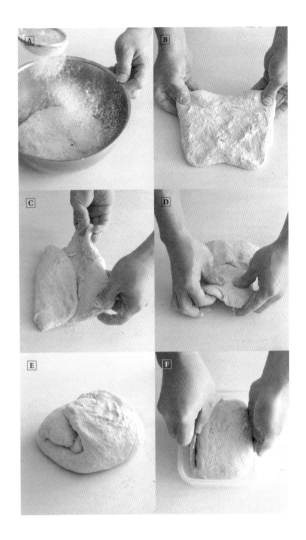

## 揉麵團

④ 準備手水，將手打濕，拉起麵團外圍的一角往中間摺疊。如此摺疊 2 ～ 3 圈（約 20 ～ 30 次）Ａ、Ｂ，再次用保鮮膜或盆蓋覆蓋調理盆，於室溫中靜置 30 分鐘，讓麵團休息。

## 一次發酵

⑤ 在麵團上撒上手粉Ａ，然後拿出來，表面朝下地放在工作檯上。攤平麵團Ｂ，左右、上下各一次地往中間摺疊Ｃ、Ｄ、Ｅ。

⑥ 將已摺疊好的麵團上下翻面放進保鮮盒中Ｆ，蓋上盒蓋，於室溫中靜置 30 分鐘，使之預備發酵。再放入冰箱冷藏 10 ～ 12 小時，使麵團發酵到脹成 2 倍大為止。

### 什麼是「水合」？

先將粉類和水混合在一起，靜置 30 分鐘左右，讓粉類充分吸收水分。比起未經水合程序的麵團，水合後的麵團比較好揉。其實麵團光是用木鏟攪拌就會開始產生麵筋蛋白，待水合後已經多少出筋了，這會讓揉麵團作業更容易進行。此外，水合的同時也會開始發酵。

### 發酵的標準

使用本書推薦的保鮮盒（P51）的話，膨脹至盒蓋處就是一次發酵完成的標準，一目瞭然。

發酵前　　發酵後

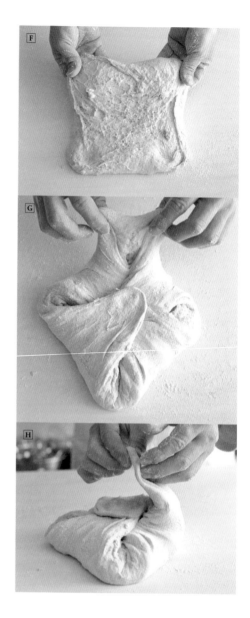

## 整型

⑦ 麵團一次發酵完成後 A，在發酵籃及麵團表面多撒一些手粉 B、C。

⑧ 用刮刀插入麵團與保鮮盒之間，刮上一圈使麵團分離 D，然後連同保鮮盒一起上下翻面，讓麵團慢慢掉到工作檯上 E。

⑨ 撒上手粉，雙手伸進麵團下面，輕輕將麵團拉大一圈 F。

⑩ 「雙手輕輕拉起麵團的一角往中間摺疊」，如此摺疊 2 圈 G、H，上下翻面。

---

### 拿出麵團的方法

不要硬刮出麵團，應等待麵團自己慢慢掉在工作檯上。硬拿出來不但會破壞氣泡，也會讓鎖在氣泡中的熟成發酵香跑出去。

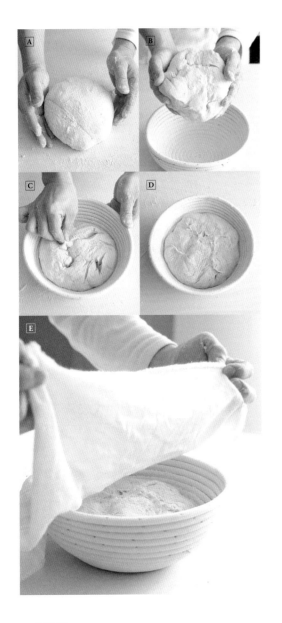

二次發酵

⓫ 雙手打上手粉，將麵團的表面稍微繃緊Ⓐ，然後將底部收口朝上，放入準備好的發酵籃中Ⓑ。

⓬ 將麵團的收口處捏緊Ⓒ、Ⓓ，再鬆鬆地蓋上濕布Ⓔ，於室溫中靜置50～60分鐘，進行二次發酵。
→ 配合烘烤時間，將烤箱預熱至250℃。

---

**利用烤箱二次發酵的話**

現在許多烤箱都兼具微波功能，也可利用微波功能中的「發酵模式」（30℃）加熱20～30分鐘。不過，如果二次發酵後要用同一部烤箱烘烤的話，這段加熱時間就要縮短，盡量讓烤箱預熱完成的同時，二次發酵也剛好結束，才能順利進入烘烤作業，否則會過度發酵，須留意。

---

烘烤

⓭ 將裁成邊長20cm正方形的烘焙紙和鍋蓋依序蓋在發酵籃上Ⓐ、Ⓑ，然後連同發酵籃一起上下翻面，取出麵團Ⓒ。

⓮ 撢掉多餘的麵粉Ⓓ，用割紋刀劃出割紋Ⓔ，再用噴霧器將水輕輕噴在麵團上，噴2～3次。

⓯ 放入預熱好的烤箱中。將溫度調降至220℃，烘烤25～30分鐘，然後取出，放在涼架上散熱。

# 全麥鄉村麵包

芳香又 Q 彈的鄉村麵包。可以做成烤吐司,或是切成薄片享用。很適合當作肉類料理的配菜,與奶油起司也很搭。

**材料**（圓型發酵籃,1 個份）

高筋麵粉…160g
全麥麵粉…25g
麥麩粉（沒有則用全麥麵粉）…15g
波蘭種…200g
酵母…1g
鹽…4g
蜂蜜…3g
水…110 ～ 125g
手粉…適量

## 作法

### 混拌

❶ 調理盆中放入鹽巴、蜂蜜、水,用打蛋器打到鹽巴溶解為止。

❷ 放入高筋麵粉、全麥麵粉、麥麩粉、波蘭種、酵母,改拿木鏟,攪拌到沒有粉粒為止。

### 水合

❸ 麵團成團後,用保鮮膜或盆蓋覆蓋調理盆,防止麵團表面乾燥,然後於室溫中靜置 30 分鐘,使之水合。

### 揉麵團

❹ 準備手水,將手打濕,拉起麵團外圍的一角往中間摺疊。如此摺疊 2 ～ 3 圈（約 20 ～ 30 次）,再次用保鮮膜或盆蓋覆蓋調理盆,於室溫中靜置 30 分鐘,讓麵團休息。

### 一次發酵

❺ 在麵團上撒上手粉,然後拿出來,表面朝下地放在工作檯上。攤平麵團,左右、上下各一次地往中間摺疊。

❻ 將摺疊好的麵團上下翻面後放進保鮮盒中,蓋上盒蓋,於室溫中靜置 30 分鐘,使之預備發酵。再放入冰箱冷藏 10 ～ 12 小時,使麵團發酵到脹成 2 倍大為止。

### 整型

❼ 麵團一次發酵完成後,在發酵籃及麵團表面多撒一些手粉。

❽ 用刮刀插入麵團與保鮮盒之間,刮上一圈使麵團分離,然後連同保鮮盒一起上下翻面,讓麵團慢慢掉到工作檯上。

❾ 撒上手粉,雙手伸進麵團下面,輕輕將麵團拉大一圈。

❿ 「雙手輕輕拉起麵團的一角往中間摺疊」,如此摺疊 2 圈,上下翻面。

### 二次發酵

⓫ 雙手打上手粉,將麵團的表面稍微繃緊,然後將底部收口朝上,放入準備好的發酵籃中。

⓬ 將麵團的收口處捏緊,再鬆鬆地蓋上濕布,於室溫中靜置 50 ～ 60 分鐘,進行二次發酵。
→ 配合烘烤時間,將烤箱預熱至 250℃。

### 烘烤

⓭ 將裁成邊長 20cm 正方形的烘焙紙和鍋蓋依序蓋在發酵籃上,然後連同發酵籃一起上下翻面,取出麵團。

⓮ 撣掉多餘的麵粉,用割紋刀劃出喜歡的割紋,再用噴霧器將水輕輕噴在麵團上,噴 2 ～ 3 次。

⓯ 放入預熱好的烤箱中。將溫度調降至 220℃,烘烤 25 ～ 30 分鐘,然後取出,放在涼架上散熱。

# 原味鄉村麵包

想吃到 Q 彈的口感與麵粉的鮮甜，我推薦這款鄉村麵包。請切成厚片，再塗上果醬享用。滋味百吃不厭，也可以用吐司模型來烤喔。

**材料**（橢圓型發酵籃，1 個份）

高筋麵粉⋯190g
裸麥麵粉⋯10g
波蘭種⋯200g
酵母⋯1g
鹽⋯4g
蜂蜜⋯3g
水⋯90 ～ 110g
手粉⋯適量

## 作法

### 混拌

❶ 調理盆中放入鹽巴、蜂蜜、水，用打蛋器打到鹽巴溶解為止。

❷ 放入高筋麵粉、裸麥麵粉、波蘭種、酵母，改拿木鏟，攪拌到沒有粉粒為止。

### 水合

❸ 麵團成團後，用保鮮膜或盆蓋覆蓋調理盆，防止麵團表面乾燥，然後於室溫中靜置 30 分鐘，使之水合。

### 揉麵團

❹ 準備手水，將手打濕，拉起麵團外圍的一角往中間摺疊。如此摺疊 2 ～ 3 圈（約 20 ～ 30 次），再次用保鮮膜或盆蓋覆蓋調理盆，於室溫中靜置 30 分鐘，讓麵團休息。

### 一次發酵

❺ 在麵團上撒上手粉，然後拿出來，表面朝下地放在工作檯上。攤平麵團，左右、上下各一次地往中間摺疊。

❻ 將摺疊好的麵團上下翻面後放進保鮮盒中，蓋上盒蓋，於室溫中靜置 30 分鐘，使之預備發酵。再放入冰箱冷藏 10 ～ 12 小時，使麵團發酵到脹成 2 倍大為止。

⟶

整型

❼ 麵團一次發酵完成後，在發酵籃及麵團表面多撒一些手粉。

❽ 用刮刀插入麵團與保鮮盒之間，刮上一圈使麵團分離，然後連同保鮮盒一起上下翻面，讓麵團慢慢掉到工作檯上。

❾ 撒上手粉，雙手伸進麵團下面，輕輕將麵團拉大一圈。

❿ 雙手輕輕拉起麵團的左右邊，往中間摺成三褶 A、B、C，用竹籤將跑出來的大氣泡戳破 D，再縱向捲起來 E。捲好後將兩端捏緊 F。

二次發酵

⓫ 雙手打上手粉，將麵團的收口朝上，放入準備好的發酵籃中。

⓬ 將麵團的收口處捏緊，再鬆鬆地蓋上濕布，於室溫中靜置50～60分鐘，進行二次發酵。
　→ 配合烘烤時間，將烤箱預熱至250℃。

烘烤

⓭ 將裁成邊長 20cm 正方形的烘焙紙和鍋蓋依序蓋在發酵籃上，然後連同發酵籃一起上下翻面，取出麵團。

⓮ 撢掉多餘的麵粉，用割紋刀劃出喜歡的割紋，再用噴霧器將水輕輕噴在麵團上，噴2～3次。

⓯ 放入預熱好的烤箱中。將溫度調降至220℃烘烤 25～30 分鐘，然後取出，放在涼架上散熱。

# （用吐司模型烘烤）

材料同前面的「原味鄉村麵包」，模型為 1 斤用，內部尺寸為長 19.5cm、寬 9.5cm、高 9.5cm。

## 作法

混拌～一次發酵，請參考 P.61。

### 整型

❼ 麵團一次發酵完成後，在吐司模型內薄塗一層奶油或橄欖油。
→ 使用奶油的話，可以增加風味，表皮會有酥脆感。使用橄欖油的話，香氣持久且不易劣化。使用沙拉油等植物油的話，不但容易劣化，而且有油耗味，須注意。

❽ 用刮刀插入麵團與保鮮盒之間，刮上一圈使麵團分離，然後連同保鮮盒一起上下翻面，讓麵團慢慢掉到工作檯上。

❾ 撒上手粉，雙手伸進麵團下面，輕輕將麵團拉大一圈。

❿ 雙手輕輕拉起麵團的左右邊，往中間摺成三褶，用竹籤將跑出來的大氣泡戳破，再縱向捲起來。捲好後將兩端捏緊。

### 二次發酵

⓫ 將麵團的收口朝下，放入準備好的吐司模型中。

⓬ 鬆鬆地蓋上濕布，於室溫中靜置 50～60 分鐘，進行二次發酵。
→ 配合烘烤時間，將烤箱預熱至 220℃。

### 烘烤

⓭ 用割紋刀劃出喜歡的割紋，再用噴霧器將水輕輕噴在麵團上，噴 2～3 次。

⓮ 放入預熱好的烤箱中。將溫度降調至 200℃ 烘烤 30～35 分鐘，然後脫模，放在涼架上散熱。

---

**脫模的方式**
連同模型輕輕敲打一下工作檯，讓模型中的熱氣散出來後再拿出麵包，這樣麵包比較不會在散熱過程中凹陷下去。

---

# 蕎麥鄉村麵包

蕎麥麵粉的吸水速度慢，比較不好揉麵團，但它咬起來爽快俐落，而且帶點綠色，美麗又蕎麥飄香。

**材料**（橢圓型發酵籃，1 個份）

| | |
|---|---|
| 高筋麵粉 … 150g | 鹽 … 4g |
| 蕎麥麵粉 … 50g | 蜂蜜 … 3g |
| 波蘭種 … 200g | 水 … 80 ～ 90g |
| 酵母 … 1g | 手粉（蕎麥粉）… 適量 |

## 作法

### 混拌

❶ 調理盆中放入鹽巴、蜂蜜、水，用打蛋器打到鹽巴溶解為止。

❷ 放入高筋麵粉、蕎麥麵粉、波蘭種、酵母，改拿木鏟，攪拌到沒有粉粒為止。

### 水合

❸ 麵團成團後，用保鮮膜或盆蓋覆蓋調理盆，防止麵團表面乾燥，然後於室溫中靜置 30 分鐘，使之水合。

### 揉麵團

❹ 準備手水，將手打濕，拉起麵團外圍的一角往中間摺疊。如此摺疊 2 ～ 3 圈（約 20 ～ 30 次），再次用保鮮膜或盆蓋覆蓋調理盆，於室溫中靜置 30 分鐘，讓麵團休息。

### 一次發酵

❺ 在麵團上撒上手粉，然後拿出來，表面朝下地放在工作檯上。攤平麵團，左右、上下各一次地往中間摺疊。

❻ 將麵團上下翻面後放進保鮮盒中，蓋上盒蓋，於室溫中靜置 30 分鐘，使之預備發酵。再放入冰箱冷藏 10 ～ 12 小時，使麵團發酵到脹成 2 倍大為止。

### 整型

❼ 麵團一次發酵完成後，在發酵籃及麵團表面多撒一些手粉。

❽ 用刮刀插入麵團與保鮮盒之間，刮上一圈使麵團分離，然後連同保鮮盒一起上下翻面，讓麵團慢慢掉到工作檯上。

❾ 撒上手粉，雙手伸進麵團下面，輕輕將麵團拉大一圈。

❿ 雙手輕輕拉起麵團的左右邊，往中間摺成三褶，用竹籤將跑出來的大氣泡戳破，再縱向捲起來。捲好後將兩端捏緊。

### 二次發酵

⓫ 雙手打上手粉，將麵團的底面收口朝上，放入準備好的發酵籃中。

⓬ 將麵團的收口處捏緊，再鬆鬆地蓋上濕布，於室溫中靜置 50 ～ 60 分鐘，進行二次發酵。
→ 配合烘烤時間，將烤箱預熱至 250℃。

### 烘烤

⓭ 將裁成邊長 20cm 正方形的烘焙紙和鍋蓋依序蓋在發酵籃上，然後連同發酵籃一起上下翻面，取出麵團。

⓮ 揮掉多餘的麵粉，用割紋刀劃出喜歡的割紋，再用噴霧器將水輕輕噴在麵團上，噴 2 ～ 3 次。

⓯ 放入預熱好的烤箱中。將溫度調降至 220℃，烘烤 25 ～ 30 分鐘，然後取出，放在涼架上散熱。

# 裸麥鄉村麵包

外皮酥脆，裡面 Q 彈。能吃到裸麥獨特的微酸，
適合搭配肉類料理，也很適合做成三明治。

## 材料（橢圓型發酵籃，1 個份）

| | |
|---|---|
| 高筋麵粉 … 150g | 鹽 … 4g |
| 裸麥麵粉 … 50g | 蜂蜜 … 3g |
| 波蘭種 … 200g | 水 … 80 ～ 90g |
| 酵母 … 1g | 手粉 … 適量 |

## 作法

### 混拌

❶ 調理盆中放入鹽巴、蜂蜜、水，用打蛋器
打到鹽巴溶解為止。

❷ 放入高筋麵粉、裸麥麵粉、波蘭種、酵母，
改拿木鏟，攪拌到沒有粉粒為止。

### 水合

❸ 麵團成團後，用保鮮膜或盆蓋覆蓋調理
盆，防止麵團表面乾燥，然後於室溫中靜
置 30 分鐘，使之水合。

### 揉麵團

❹ 準備手水，將手打濕，拉起麵團外圍的一角
往中間摺疊。如此摺疊 2 ～ 3 圈（約 20 ～
30 次），再次用保鮮膜或盆蓋覆蓋調理盆，
於室溫中靜置 30 分鐘，讓麵團休息。

### 一次發酵

❺ 在麵團上撒上手粉，然後拿出來，表面朝下
地放在工作檯上。攤平麵團，左右、上下各
一次地往中間摺疊。

❻ 將麵團上下翻面後放進保鮮盒中，蓋上盒
蓋，於室溫中靜置 30 分鐘，使之預備發酵。
再放入冰箱冷藏 10 ～ 12 小時，使麵團發酵
到脹成 2 倍大為止。

### 整型

❼ 麵團一次發酵完成後，在發酵籃及麵團表面
多撒一些手粉。

❽ 用刮刀插入麵團與保鮮盒之間，刮上一圈使
麵團分離，然後連同保鮮盒一起上下翻面，
讓麵團慢慢掉到工作檯上。

❾ 撒上手粉，雙手伸進麵團下面，輕輕將麵團
拉大一圈。

❿ 雙手輕輕拉起麵團的左右邊，往中間摺成三
褶，用竹籤將跑出來的大氣泡戳破，再縱向
捲起來。捲好後將兩端捏緊。

### 二次發酵

⓫ 雙手打上手粉，將麵團的底面收口朝上，放
入準備好的發酵籃中。

⓬ 將麵團的收口處捏緊，再鬆鬆地蓋上濕布，
於室溫中靜置 50 ～ 60 分鐘，進行二次發酵。
→ 配合烘烤時間，將烤箱預熱至 250℃。

### 烘烤

⓭ 將裁成邊長 20cm 正方形的烘焙紙和鍋蓋依
序蓋在發酵籃上，然後連同發酵籃一起上下
翻面，取出麵團。

⓮ 撢掉多餘的麵粉，用割紋刀劃出喜歡的割
紋，再用噴霧器將水輕輕噴在麵團上，噴 2 ～
3 次。

⓯ 放入預熱好的烤箱中。將溫度調降至 220℃，
烘烤 25 ～ 30 分鐘，然後取出，放在涼架上
散熱。

# 裸麥優格鄉村麵包

吃得到微微的酸味，與其說是法式鄉村麵包，
應該說更接近德國麵包。
裡面布滿細致的小洞，口感 Q 彈。

材料（圓型發酵籃，1 個份）

| | |
|---|---|
| 高筋麵粉 … 100g | 鹽 … 4g |
| 裸麥麵粉 … 100g | 蜂蜜 … 3g |
| 波蘭種 … 200g | 水 … 50 ～ 60g |
| 酵母 … 1g | 原味優格（無糖）… 45g |
| 葛縷子 … 2g | 手粉 … 適量 |

## 作法

### 混拌

❶ 調理盆中放入鹽巴、蜂蜜、水和原味優格，用打蛋器打到鹽巴溶解為止 A。

❷ 放入高筋麵粉、裸麥麵粉、波蘭種、酵母，改拿木鏟攪拌。待拌到有點成團後，改拿刮刀，切拌至沒有粉粒為止 B。

### 水合

❸ 麵團成團後，用保鮮膜或盆蓋覆蓋調理盆，防止麵團表面乾燥，然後於室溫中靜置 30 分鐘，使之水合。

### 揉麵團

❹ 準備手水，將手打濕，拉起麵團外圍的一角往中間摺疊。如此摺疊 2 ～ 3 圈（約 20 ～ 30 次），再次用保鮮膜或盆蓋覆蓋調理盆，於室溫中靜置 30 分鐘，讓麵團休息。

### 一次發酵

❺ 在麵團上撒上手粉，然後拿出來，表面朝下地放在工作檯上。攤平麵團，左右、上下各一次地往中間摺疊。

❻ 將麵團上下翻面後放進保鮮盒中，蓋上盒蓋，於室溫中靜置 30 分鐘，使之預備發酵。再放入冰箱冷藏 10 ～ 12 小時，使麵團發酵到脹成 1.5 倍大為止。

### 整型

❼ 麵團一次發酵完成後，在發酵籃及麵團表面多撒一些手粉。

❽ 用刮刀插入麵團與保鮮盒之間，刮上一圈使麵團分離，然後連同保鮮盒一起上下翻面，讓麵團慢慢掉到工作檯上。

❾ 撒上手粉，雙手伸進麵團下面，輕輕將麵團拉大一圈。

❿ 「雙手輕輕拉起麵團的一角往中間摺疊」，如此摺疊 2 圈，上下翻面。

### 二次發酵

⓫ 雙手打上手粉，將麵團的表面稍微繃緊，然後將底部收口朝上，放入準備好的發酵籃中。

⓬ 將麵團的收口處捏緊，再鬆鬆地蓋上濕布，於室溫中靜置 40 ～ 60 分鐘，進行二次發酵。
　→ 配合烘烤時間，將烤箱預熱至 250℃。

### 烘烤

⓭ 將裁成邊長 20cm 正方形的烘焙紙和鍋蓋依序蓋在發酵籃上，然後連同發酵籃一起上下翻面，取出麵團。

⓮ 揮掉多餘的麵粉，用割紋刀劃出喜歡的割紋，再用噴霧器將水輕輕噴在麵團上，噴 2 ～ 3 次。

⓯ 放入預熱好的烤箱中。將溫度調降至 220℃，烘烤 25 ～ 30 分鐘，然後取出，放在涼架上散熱。

# 用鑄鐵鍋烘烤的「多加水鄉村麵包」

比基本鄉村麵包多加了 40g 的水。

有著獨特的 Q 彈口感與光澤，深受日本人喜愛。

由於麵團很軟，不容易保持整型後的形狀，

但用鑄鐵鍋來烘烤的話，就能烤出漂亮的形狀了。

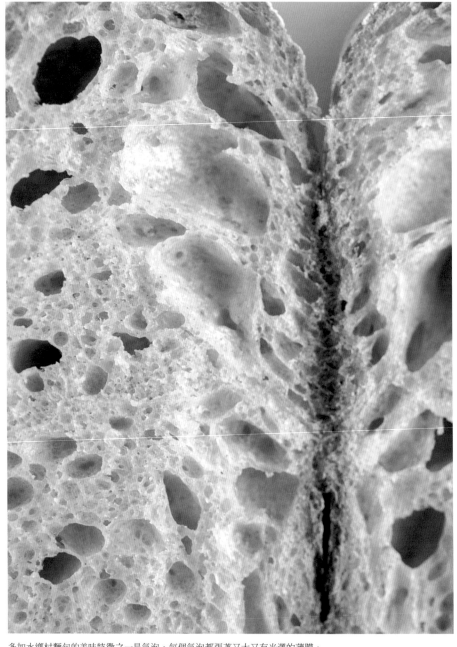

多加水鄉村麵包的美味特徵之一是氣泡。每個氣泡都張著又大又有光澤的薄膜。

材料（橢圓型發酵籃，1 個份）

＊使用直徑 20cm 的加厚鑄鐵鍋

高筋麵粉 … 150g
裸麥麵粉 … 30g
全麥麵粉 … 20g
波蘭種 … 200g
酵母 … 1g
鹽 … 4g
蜂蜜 … 3g
水 … 150 ～ 170g
手粉 … 適量

作法

<u>混拌～二次發酵，請參考「原味鄉村麵包」</u>
（p.61 ～ 62）

→ 配合烘烤時間，將鑄鐵鍋（連同鍋蓋）放進
烤箱中，預熱至 250℃。

烘烤

❶ 將裁成邊長 25cm 正方形的烘焙紙和鍋蓋
依序蓋在發酵籃上，然後連同發酵籃一起
上下翻面，取出麵團。

❷ 撢掉多餘的麵粉，用割紋刀劃出喜歡的割
紋，再用噴霧器將水輕輕噴在麵團上，噴
2 ～ 3 次。

→ 將預熱好的鑄鐵鍋拿出來，請小心燙傷。

❸ 將烘焙紙連同麵團一起放入鍋中，蓋上鍋
蓋，再放入預熱好的烤箱中。將溫度調降
至 220℃，烘烤 10 分鐘，然後取出。拿掉
鍋蓋，再次放回鍋中，烘烤 20 分鐘。

❹ 從烤箱拿出鑄鐵鍋，迅速拿出鄉村麵包，
放在涼架上散熱。

# 雜糧鄉村麵包

將各種穀物磨成粉後，混合成雜糧粉。加了雜糧粉的鄉村麵包，不但礦物質豐富，即便份量少依然香氣四溢，還會散發出彷彿加了黃豆粉般的芳香。

## 材料（圓型發酵籃，1 個份）

| | |
|---|---|
| 高筋麵粉…160g | 鹽…4g |
| 雜糧粉…40g | 黍砂糖…3g |
| 波蘭種…200g | 水…90 ～ 100g |
| 酵母…1g | 手粉…適量 |

## 作法

### 混拌

❶ 調理盆中放入鹽巴、黍砂糖、水，用打蛋器打到鹽巴溶解為止。

❷ 放入高筋麵粉、雜糧粉、波蘭種、酵母，改拿木鏟，攪拌到沒有粉粒為止。

### 水合

❸ 麵團成團後，用保鮮膜或盆蓋覆蓋調理盆，防止麵團表面乾燥，然後於室溫中靜置 30 分鐘，使之水合。

### 揉麵團

❹ 準備手水，將手打濕，拉起麵團外圍的一角往中間摺疊。如此摺疊 2 ～ 3 圈（約 20 ～ 30 次），再次用保鮮膜或盆蓋覆蓋調理盆，於室溫中靜置 30 分鐘，讓麵團休息。

### 一次發酵

❺ 在麵團上撒上手粉，然後拿出來，表面朝下地放在工作檯上。攤平麵團，左右、上下各一次地往中間摺疊。

❻ 將麵團上下翻面後放進保鮮盒中，蓋上盒蓋，於室溫中靜置 30 分鐘，使之預備發酵。再放入冰箱冷藏 10 ～ 12 小時，使麵團發酵到脹成 2 倍大為止。

### 整型

❼ 麵團一次發酵完成後，在發酵籃及麵團表面多撒一些手粉。

❽ 用刮刀插入麵團與保鮮盒之間，刮上一圈使麵團分離，然後連同保鮮盒一起上下翻面，讓麵團慢慢掉到工作檯上。

❾ 撒上手粉，雙手伸進麵團下面，輕輕將麵團拉大一圈。

❿ 「雙手輕輕拉起麵團的一角往中間摺疊」，如此摺疊 2 圈，上下翻面。

### 二次發酵

⓫ 雙手打上手粉，將麵團的表面稍微繃緊，然後將底部收口朝上，放入準備好的發酵籃中。

⓬ 將麵團的收口處捏緊，再鬆鬆地蓋上濕布，於室溫中靜置 50 ～ 60 分鐘，進行二次發酵。
→ 配合烘烤時間，將烤箱預熱至 250℃。

### 烘烤

⓭ 將裁成邊長 20cm 正方形的烘焙紙和鍋蓋依序蓋在發酵籃上，然後連同發酵籃一起上下翻面，取出麵團。

⓮ 揮掉多餘的麵粉，用割紋刀劃出喜歡的割紋，再用噴霧器將水輕輕噴在麵團上，噴 2 ～ 3 次。

⓯ 放入預熱好的烤箱中。將溫度調降至 220℃，烘烤 25 ～ 30 分鐘，然後取出，放在涼架上散熱。

# 核桃鄉村麵包

每咬一口,都感覺得到核桃的口感與鮮甜。為了充分享受核桃的芬芳,我故意不加全麥麵粉。

### 材料（橢圓型發酵籃,1 個份）

| | |
|---|---|
| 高筋麵粉…180g | 鹽…4g |
| 裸麥麵粉…20g | 蜂蜜…3g |
| 波蘭種…200g | 水…110～125g |
| 酵母…1g | 手粉…適量 |
| 核桃…90g | |

### 事前準備

· 核桃用 150℃的烤箱烤好後放涼,再切成 2cm 的小丁。用嘴巴吹一下或用微風吹一下,將掉下來的薄皮吹掉。薄皮苦澀,盡量不要放入。

## 作法

### 混拌

❶ 調理盆中放入鹽巴、蜂蜜、水,用打蛋器打到鹽巴溶解為止。

❷ 放入高筋麵粉、裸麥麵粉、波蘭種、酵母,改拿木鏟,攪拌到沒有粉粒為止。

### 水合

❸ 麵團成團後,用保鮮膜或盆蓋覆蓋調理盆,防止麵團表面乾燥,然後於室溫中靜置 30 分鐘,使之水合。

### 揉麵團

❹ 將核桃撒在麵團上。準備手水,將手打濕,拉起麵團外圍的一角往中間摺疊 Ⓐ、Ⓑ。如此摺疊 2～3 圈（約 20～30 次）,再次用保鮮膜或盆蓋覆蓋調理盆,於室溫中靜置 30 分鐘,讓麵團休息。

### 一次發酵

❺ 在麵團上撒上手粉,然後拿出來,表面朝下地放在工作檯上。攤平麵團,左右、上下各一次地往中間摺疊。

❻ 將摺疊好的麵團上下翻面後放進保鮮盒中,蓋上盒蓋,於室溫中靜置 30 分鐘,使之預備發酵。再放入冰箱冷藏 10～12 小時,使麵團發酵到脹成 2 倍大為止。

### 整型

❼ 麵團一次發酵完成後,在發酵籃及麵團表面多撒一些手粉。

❽ 用刮刀插入麵團與保鮮盒之間,刮上一圈使麵團分離,然後連同保鮮盒一起上下翻面,讓麵團慢慢掉到工作檯上。

❾ 撒上手粉,雙手伸進麵團下面,輕輕將麵團拉大一圈。

❿ 雙手輕輕拉起麵團的左右邊,往中間摺成三褶,用竹籤將跑出來的大氣泡戳破,再縱向捲起來。捲好後將兩端捏緊。

### 二次發酵

⓫ 雙手打上手粉,將麵團的收口朝上,放入準備好的發酵籃中。

⓬ 將麵團的收口處捏緊,再鬆鬆地蓋上濕布,於室溫中靜置 50～60 分鐘,進行二次發酵。
　→ 配合烘烤時間,將烤箱預熱至 250℃。

### 烘烤

⓭ 將裁成邊長 20cm 正方形的烘焙紙和鍋蓋依序蓋在發酵籃上,然後連同發酵籃一起上下翻面,取出麵團。

⓮ 撢掉多餘的麵粉,用割紋刀劃出喜歡的割紋,再用噴霧器將水輕輕噴在麵團上,噴 2～3 次。

⓯ 放入預熱好的烤箱中。將溫度調降至 220℃,烘烤 25～30 分鐘,然後取出,放在涼架上散熱。

# 葡萄乾鄉村麵包

葡萄乾的酸甜，成為麵包風味的亮點。葡萄乾先泡過熱水，因此水嫩多汁，不會搶走麵團的水分，吃起來不會乾巴巴的。

## 材料（橢圓型發酵籃，1個份）

| | |
|---|---|
| 高筋麵粉…170g | 葡萄乾…100g |
| 裸麥麵粉…30g | 鹽…4g |
| 肉桂粉…2g | 蜂蜜…3g |
| 波蘭種…200g | 水…90〜110g |
| 酵母…1g | 手粉…適量 |

## 事前準備

· 葡萄乾先用足量的熱水浸泡1分鐘，再瀝乾水分，放涼。

## 作法

### 混拌

❶ 調理盆中放入鹽巴、蜂蜜、水，用打蛋器打到鹽巴溶解為止。

❷ 放入高筋麵粉、裸麥麵粉、肉桂粉、波蘭種、酵母，改拿木鏟，攪拌到沒有粉粒為止。

### 水合

❸ 麵團成團後，用保鮮膜或盆蓋覆蓋調理盆，防止麵團表面乾燥，然後於室溫中靜置30分鐘，使之水合。

### 揉麵團

❹ 將葡萄乾撒在麵團上。準備手水，將手打濕，拉起麵團外圍的一角往中間摺疊。如此摺疊2〜3圈（約20〜30次），再次用保鮮膜或盆蓋覆蓋調理盆，於室溫中靜置30分鐘，讓麵團休息。

### 一次發酵

❺ 在麵團上撒上手粉，然後拿出來，表面朝下地放在工作檯上。攤平麵團，左右、上下各一次地往中間摺疊。

❻ 將麵團上下翻面後放進保鮮盒中，蓋上盒蓋，於室溫中靜置30分鐘，使之預備發酵。再放入冰箱冷藏10〜12小時，使麵團發酵到脹成2倍大為止。

### 整型

❼ 麵團一次發酵完成後，在發酵籃及麵團表面多撒一些手粉。

❽ 用刮刀插入麵團與保鮮盒之間，刮上一圈使麵團分離，然後連同保鮮盒一起上下翻面，讓麵團慢慢掉到工作檯上。

❾ 撒上手粉，雙手伸進麵團下面，輕輕將麵團拉大一圈。

❿ 雙手輕輕拉起麵團的左右邊，往中間摺成三褶，用竹籤將跑出來的大氣泡戳破，再縱向捲起來。捲好後將兩端捏緊。

### 二次發酵

⓫ 雙手打上手粉，將麵團的收口朝上，放入準備好的發酵籃中。

⓬ 將麵團的收口處捏緊，再鬆鬆地蓋上濕布，於室溫中靜置50〜60分鐘，進行二次發酵。
→ 配合烘烤時間，將烤箱預熱至250℃。

### 烘烤

⓭ 將裁成邊長20cm正方形的烘焙紙和鍋蓋依序蓋在發酵籃上，然後連同發酵籃一起上下翻面，取出麵團。

⓮ 撢掉多餘的麵粉，用割紋刀劃出喜歡的割紋，再用噴霧器將水輕輕噴在麵團上，噴2〜3次。

⓯ 放入預熱好的烤箱中。將溫度調降至220℃，烘烤25〜30分鐘，然後取出，放在涼架上散熱。

# 薑黃鄉村麵包

烤好以後，切開的橫斷面十分鮮艷，光看就令人垂涎！薑黃吸水後會變成糊狀，容易搓揉，是做麵包的好素材，也能增添異國風味。

### 材料（圓型發酵籃，1個份）

| | |
|---|---|
| 高筋麵粉 … 170g | 腰果 … 90g |
| 全麥麵粉 … 30g | 鹽 … 4g |
| 薑黃粉 … 10g | 蜂蜜 … 3g |
| 波蘭種 … 200g | 水 … 100 ～ 120g |
| 酵母 … 1g | 手粉 … 適量 |

### 事前準備

· 腰果用 150℃的烤箱烤好後放涼。

## 作法

### 混拌

❶ 調理盆中放入鹽巴、蜂蜜、水，用打蛋器打到鹽巴溶解為止。

❷ 放入高筋麵粉、全麥麵粉、薑黃粉、波蘭種、酵母，改拿木鏟，攪拌到沒有粉粒為止。

### 水合

❸ 麵團成團後，用保鮮膜或盆蓋覆蓋調理盆，防止麵團表面乾燥，然後於室溫中靜置30分鐘，使之水合。

### 揉麵團

❹ 將腰果撒在麵團上。準備手水，將手打濕，拉起麵團外圍的一角往中間摺疊。如此摺疊 2 ～ 3 圈（約 20 ～ 30 次），再次用保鮮膜或盆蓋覆蓋調理盆，於室溫中靜置 30 分鐘，讓麵團休息。

### 一次發酵

❺ 在麵團上撒上手粉，然後拿出來，表面朝下地放在工作檯上。攤平麵團，左右、上下各一次地往中間摺疊。

❻ 將摺疊好的麵團上下翻面後放進保鮮盒中，蓋上盒蓋，於室溫中靜置 30 分鐘，使之預備發酵。再放入冰箱冷藏 10 ～ 12 小時，使麵團發酵到脹成 2 倍大為止。

### 整型

❼ 麵團一次發酵完成後，在發酵籃及麵團表面多撒一些手粉。

❽ 用刮刀插入麵團與保鮮盒之間，刮上一圈使麵團分離，然後連同保鮮盒一起上下翻面，讓麵團慢慢掉到工作檯上。

❾ 撒上手粉，雙手伸進麵團下面，輕輕將麵團拉大一圈。

❿ 「雙手輕輕拉起麵團的一角往中間摺疊」，如此摺疊 2 圈，上下翻面。

### 二次發酵

⓫ 雙手打上手粉，將麵團的表面稍微繃緊，然後將底部收口朝上，放入準備好的發酵籃中。

⓬ 將麵團的收口處捏緊，再鬆鬆地蓋上濕布，於室溫中靜置 50 ～ 60 分鐘，進行二次發酵。
→ 配合烘烤時間，將烤箱預熱至 250℃。

### 烘烤

⓭ 將裁成邊長 20cm 正方形的烘焙紙和鍋蓋依序蓋在發酵籃上，然後連同發酵籃一起上下翻面，取出麵團。

⓮ 揮掉多餘的麵粉，用割紋刀劃出喜歡的割紋，再用噴霧器將水輕輕噴在麵團上，噴 2 ～ 3 次。

⓯ 放入預熱好的烤箱中。將溫度調降至 220℃，烘烤 25 ～ 30 分鐘，然後取出，放在涼架上散熱。

# 小型蔓越莓佐
# 小豆蔻鄉村麵包

小豆蔻的成熟風味，加上全麥麵粉的麥香。可以切成薄片塗上蜂蜜，也可放上起司，當成蘇打夾心餅乾的感覺。

## 材料（海參型小麵包，4個份）

| | |
|---|---|
| 高筋麵粉 … 170g | 蔓越莓乾 … 100g |
| 全麥麵粉 … 30g | 鹽 … 4g |
| 小豆蔻粉 … 10g | 蜂蜜 … 3g |
| 波蘭種 … 200g | 水 … 100 ～ 120g |
| 酵母 … 1g | 手粉 … 適量 |

## 作法

### 混拌

❶ 調理盆中放入鹽巴、蜂蜜、水，用打蛋器打到鹽巴溶解為止。

❷ 放入高筋麵粉、全麥麵粉、小豆蔻粉、波蘭種、酵母，改拿木鏟，攪拌到沒有粉粒為止。

### 水合

❸ 麵團成團後，用保鮮膜或盆蓋覆蓋調理盆，防止麵團表面乾燥，然後於室溫中靜置30分鐘，使之水合。

### 揉麵團

❹ 將蔓越莓乾撒在麵團上。準備手水，將手打濕，拉起麵團外圍的一角往中間摺疊。如此摺疊 2 ～ 3 圈（約 20 ～ 30 次），再次用保鮮膜或盆蓋覆蓋調理盆，於室溫中靜置 30 分鐘，讓麵團休息。

### 一次發酵

❺ 在麵團上撒上手粉，然後拿出來，表面朝下地放在工作檯上。攤平麵團，左右、上下各一次地往中間摺疊。

❻ 將麵團上下翻面後放進保鮮盒中，蓋上盒蓋，於室溫中靜置 30 分鐘，使之預備發酵。再放入冰箱冷藏 10 ～ 12 小時，使麵團發酵到脹成 2 倍大為止。

### 整型

❼ 麵團一次發酵完成後，在發酵籃及麵團表面多撒一些手粉。

❽ 用刮刀插入麵團與保鮮盒之間，刮上一圈使麵團分離，然後連同保鮮盒一起上下翻面，讓麵團慢慢掉到工作檯上。

❾ 撒上手粉，雙手伸進麵團下面，輕輕將麵團拉大一圈。

❿ 在麵團上輕輕撒上手粉，用刮刀切出十字，切成 4 等分。

⓫ 雙手輕輕拉起麵團的左右邊，往中間摺疊Ⓐ，然後再對摺Ⓑ，將收口處確實捏緊。

### 二次發酵

⓬ 依整型好的先後順序，逐一放進鋪上烘焙紙的烤盤中，並拉開適當的間隔Ⓒ。

⓭ 鬆鬆地蓋上濕布，於室溫中靜置 50 ～ 60 分鐘，進行二次發酵。
→ 配合烘烤時間，將烤箱預熱至 250℃。

### 烘烤

⓮ 用割紋刀劃出喜歡的割紋Ⓓ，再用噴霧器將水輕輕噴在麵團上，噴 2 ～ 3 次。

⓯ 放入預熱好的烤箱中。將溫度調降至 220℃，烘烤 15 ～ 18 分鐘，然後取出，放在涼架上散熱。

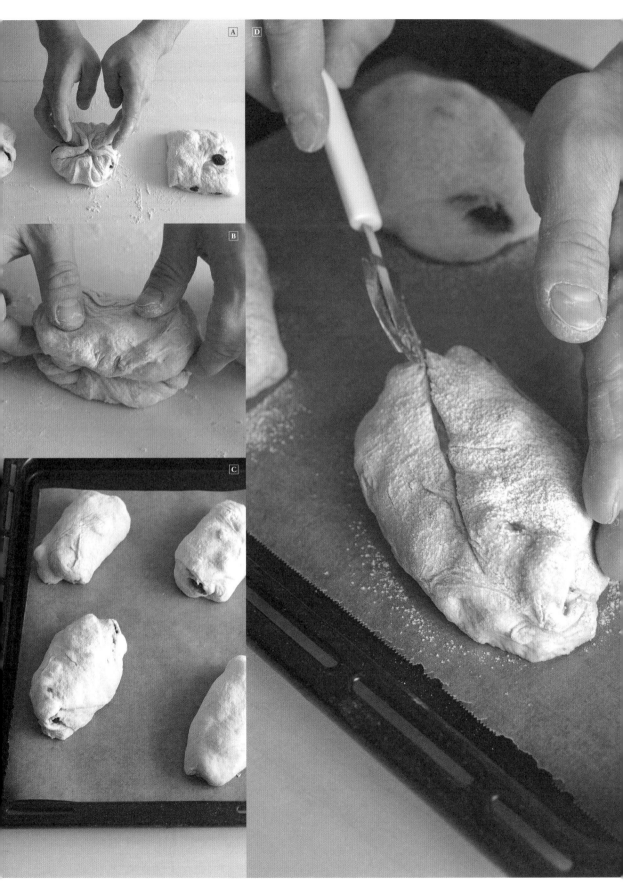

# 迷你巧克力鄉村麵包

可可麵團中包著滿滿的巧克力。酥脆又帶點微苦的可可碎粒也是一大亮點。可以當成輕食，也可當點心享用。

## 材料（圓型小麵包，4 個份）

| | |
|---|---|
| 高筋麵粉 … 170g | 黑巧克力（薄片）… 60g |
| 裸麥麵粉 … 30g | 鹽 … 4g |
| 可可粉 … 20g | 蜂蜜 … 3g |
| 波蘭種 … 200g | 水 … 100 ～ 120g |
| 酵母 … 1g | 手粉 … 適量 |
| 可可碎粒 … 15g | |

## 事前準備

‧ 黑巧克力太大片的話，切成 1cm 小丁。

## 作法

### 混拌

❶ 調理盆中放入鹽巴、蜂蜜、水，用打蛋器打到鹽巴溶解為止。

❷ 放入高筋麵粉、裸麥麵粉、可可粉、波蘭種、酵母，改拿木鏟，攪拌到沒有粉粒為止。

### 水合

❸ 麵團成團後，用保鮮膜或盆蓋覆蓋調理盆，防止麵團表面乾燥，然後於室溫中靜置 30 分鐘，使之水合。

### 揉麵團

❹ 將可可碎粒撒在麵團上。準備手水，將手打濕，拉起麵團外圍的一角往中間摺疊。如此摺疊 2 ～ 3 圈（約 20 ～ 30 次），再次用保鮮膜或盆蓋覆蓋調理盆，於室溫中靜置 30 分鐘，讓麵團休息。

### 一次發酵

❺ 在麵團上撒上手粉，然後拿出來，表面朝下地放在工作檯上。攤平麵團，左右、上下各一次地往中間摺疊。

❻ 將摺疊好的麵團上下翻面後放進保鮮盒中，蓋上盒蓋，於室溫中靜置 30 分鐘，使之預備發酵。再放入冰箱冷藏 10 ～ 12 小時，使麵團發酵到脹成 2 倍大為止。

### 整型

❼ 麵團一次發酵完成後，在發酵籃及麵團表面多撒一些手粉。

❽ 用刮刀插入麵團與保鮮盒之間，刮上一圈使麵團分離，然後連同保鮮盒一起上下翻面，讓麵團慢慢掉到工作檯上。

❾ 撒上手粉，雙手伸進麵團下面，輕輕將麵團拉大一圈。

❿ 在麵團上輕輕撒上手粉，用刮刀切出十字，切成 4 等分。

⓫ 將 1 大匙的黑巧克力放在麵團中央，拉起麵團的 4 個角往中間摺疊 Ⓐ，再將 1 小匙的黑巧克力放在麵團中央，拉起 4 個角包起來捏緊 Ⓑ。上下翻面，整理成圓型 Ⓒ。

### 二次發酵

⓬ 依整型好的先後順序，逐一放進鋪上烘焙紙的烤盤中，並拉開適當的間隔。

⓭ 鬆鬆地蓋上濕布，於室溫中靜置 50 ～ 60 分鐘，進行二次發酵。
→ 配合烘烤時間，將烤箱預熱至 250℃。

### 烘烤

⓮ 用割紋刀劃出喜歡的割紋，再用噴霧器將水輕輕噴在麵團上，噴 2 ～ 3 次。

⓯ 放入預熱好的烤箱中。將溫度調降至 220℃，烘烤 15 ～ 18 分鐘，然後取出，放在涼架上散熱。

# 小型栗子佐莓果鄉村麵包

鄉村麵包和法國栗子是絕配，而這款麵包裡面有栗子和藍莓，香甜與酸甜在口中交互擴散開來。

## 材料（切開的小麵包，4個份）

| | |
|---|---|
| 高筋麵粉… 140g | 蜜漬栗子（小）… 90g |
| 裸麥麵粉… 30g | 鹽… 4g |
| 栗子粉… 30g | 蜂蜜… 3g |
| 波蘭種… 200g | 水… 100 ～ 120g |
| 酵母… 1g | 手粉… 適量 |
| 藍莓乾… 50g | |

## 作法

### 混拌

❶ 調理盆中放入鹽巴、蜂蜜、水，用打蛋器打到鹽巴溶解為止。

❷ 放入高筋麵粉、裸麥麵粉、栗子粉、波蘭種、酵母，改拿木鏟，攪拌到沒有粉粒為止。

### 水合

❸ 麵團成團後，用保鮮膜或盆蓋覆蓋調理盆，防止麵團表面乾燥，然後於室溫中靜置30分鐘，使之水合。

### 揉麵團

❹ 將藍莓乾撒在麵團上。準備手水，將手打濕，拉起麵團外圍的一角往中間摺疊。如此摺疊 2 ～ 3 圈（約 20 ～ 30 次），再次用保鮮膜或盆蓋覆蓋調理盆，於室溫中靜置30分鐘，讓麵團休息。

### 一次發酵

❺ 在麵團上撒上手粉，然後拿出來，表面朝下地放在工作檯上。攤平麵團，左右、上下各一次地往中間摺疊。

❻ 將摺疊好的麵團上下翻面後放進保鮮盒中，蓋上盒蓋，於室溫中靜置 30 分鐘，使之預備發酵。再放入冰箱冷藏 10 ～ 12 小時，使麵團發酵到脹成 2 倍大為止。

### 整型

❼ 麵團一次發酵完成後，在發酵籃及麵團表面多撒一些手粉。

❽ 用刮刀插入麵團與保鮮盒之間，刮上一圈使麵團分離，然後連同保鮮盒一起上下翻面，讓麵團慢慢掉到工作檯上。

❾ 撒上手粉，雙手伸進麵團下面，輕輕將麵團拉大一圈。

❿ 將半量的蜜漬栗子撒在攤開的麵團上，拉起麵團的 4 個角往中間摺疊，再撒上剩餘的蜜漬栗子 Ⓐ，拉起 4 個角包起來捏緊 Ⓑ。

⓫ 將麵團上下翻面，輕輕蓋上濕布，於室溫中靜置 5 ～ 10 分鐘，讓麵團休息。

### 二次發酵

⓬ 在麵團上輕輕撒上手粉，用刮刀切出十字 Ⓒ 切成 4 等分，放進鋪上烘焙紙的烤盤中，並拉開適當的間隔 Ⓓ。

⓭ 鬆鬆地蓋上濕布，於室溫中靜置50～60分鐘，進行二次發酵。
→ 配合烘烤時間，將烤箱預熱至250℃。

### 烘烤

⓮ 用割紋刀劃出喜歡的割紋，再用噴霧器將水輕輕噴在麵團上，噴 2 ～ 3 次。

⓯ 放入預熱好的烤箱中。將溫度調降至220℃，烘烤 15 ～ 18 分鐘，然後取出，放在涼架上散熱。

# 小巧櫻花佐
# 甜豌豆鄉村麵包

這是一款改良成日本風味、櫻花香氣四溢的鄉村麵包。有著甜甜鹹鹹的層次感，叫人一吃上癮。橫斷面的粉紅色及綠色相當吸睛。

### 材料（切開的小麵包，4 個份）

| | |
|---|---|
| 高筋麵粉 … 200g | 鹽 … 4g |
| 波蘭種 … 200g | 蜂蜜 … 3g |
| 酵母 … 1g | 水 … 100 ～ 120g |
| 鹽漬櫻花 … 30g | 手粉 … 適量 |
| 煮熟的甜豌豆 | |
| （甜納豆）… 100g | |

### 事前準備

·用水沖洗掉鹽漬櫻花上的鹽巴，再用乾淨的水浸泡 15 分鐘以去掉鹽分。瀝乾，摘掉硬梗，切成粗末。

## 作法

### 混拌

❶ 調理盆中放入鹽巴、蜂蜜、水，用打蛋器打到鹽巴溶解為止。

❷ 放入高筋麵粉、波蘭種、酵母，改拿木鏟，攪拌到沒有粉粒為止。

### 水合

❸ 麵團成團後，用保鮮膜或盆蓋覆蓋調理盆，防止麵團表面乾燥，然後於室溫中靜置 30 分鐘，使之水合。

### 揉麵團

❹ 將去掉鹽分的櫻花撒在麵團上。準備手水，將手打濕，拉起麵團外圍的一角往中間摺疊。如此摺疊 2 ～ 3 圈（約 20 ～ 30 次），再次用保鮮膜或盆蓋覆蓋調理盆，於室溫中靜置 30 分鐘，讓麵團休息。

### 一次發酵

❺ 在麵團上撒上手粉，然後拿出來，表面朝下地放在工作檯上。攤平麵團，左右、上下各一次地往中間摺疊。

❻ 將麵團上下翻面後放進保鮮盒中，蓋上盒蓋，於室溫中靜置 30 分鐘，使之預備發酵。再放入冰箱冷藏 10 ～ 12 小時，使麵團發酵到脹成 2 倍大為止。

### 整型

❼ 麵團一次發酵完成後，在發酵籃及麵團表面多撒一些手粉。

❽ 用刮刀插入麵團與保鮮盒之間，刮上一圈使麵團分離，然後連同保鮮盒一起上下翻面，讓麵團慢慢掉到工作檯上。

❾ 撒上手粉，雙手伸進麵團下面，輕輕將麵團拉大一圈。

❿ 將半量的甜豌豆撒在攤開的麵團上，拉起麵團的 4 個角往中間摺疊，再撒上剩餘的甜豌豆，拉起 4 個角包起來捏緊。

⓫ 將麵團上下翻面，輕輕蓋上濕布，於室溫中靜置 5 ～ 10 分鐘，讓麵團休息。

### 二次發酵

⓬ 在麵團上輕輕撒上手粉，用刮刀切出十字，切成 4 等分，放進鋪上烘焙紙的烤盤中，並拉開適當的間隔。

⓭ 鬆鬆地蓋上濕布，於室溫中靜置 50 ～ 60 分鐘，進行二次發酵。
→ 配合烘烤時間，將烤箱預熱至 250℃。

### 烘烤

⓮ 用割紋刀劃出喜歡的割紋，再用噴霧器將水輕輕噴在麵團上，噴 2 ～ 3 次。

⓯ 放入預熱好的烤箱中。將溫度調降至 220℃，烘烤 15 ～ 18 分鐘，然後取出，放在涼架上散熱。

# 柿乾鄉村麵包

口感黏糊又帶點微甜的柿子，與香氣怡人的炒麵粉很搭。請搭配布里起司等有點怪味的起司一起享用。

### 材料（圓型發酵籃，1 個份）

| | |
|---|---|
| 高筋麵粉…150g | 柿乾…120g |
| 裸麥麵粉…30g | 鹽…4g |
| 炒麵粉（或是 | 蜂蜜…3g |
| 　全麥麵粉）…20g | 水…100 ～ 120g |
| 波蘭種…200g | 手粉…適量 |
| 酵母…1g | |

### 事前準備

· 柿乾去蒂去籽，切成 2cm 小丁。

## 作法

### 混拌

❶ 調理盆中放入鹽巴、蜂蜜、水，用打蛋器打到鹽巴溶解為止。

❷ 放入高筋麵粉、裸麥麵粉、炒麵粉、波蘭種、酵母，改拿木鏟，攪拌到沒有粉粒為止。

### 水合

❸ 麵團成團後，用保鮮膜或盆蓋覆蓋調理盆，防止麵團表面乾燥，然後於室溫中靜置 30 分鐘，使之水合。

### 揉麵團

❹ 準備手水，將手打濕，拉起麵團外圍的一角往中間摺疊。如此摺疊 2 ～ 3 圈（約 20 ～ 30 次），再次用保鮮膜或盆蓋覆蓋調理盆，於室溫中靜置 30 分鐘，讓麵團休息。

### 一次發酵

❺ 在麵團上撒上手粉，然後拿出來，表面朝下地放在工作檯上。攤平麵團，左右、上下各一次地往中間摺疊。

❻ 將摺疊好的麵團上下翻面後放進保鮮盒中，蓋上盒蓋，於室溫中靜置 30 分鐘，使之預備發酵。再放入冰箱冷藏 10 ～ 12 小時，使麵團發酵到脹成 2 倍大為止。

### 整型

❼ 麵團一次發酵完成後，在發酵籃及麵團表面多撒一些手粉。

❽ 用刮刀插入麵團與保鮮盒之間，刮上一圈使麵團分離，然後連同保鮮盒一起上下翻面，讓麵團慢慢掉到工作檯上。

❾ 撒上手粉，雙手伸進麵團下面，輕輕將麵團拉大一圈。

❿ 將半量的柿乾撒在攤開的麵團上，拉起麵團的 4 個角往中間摺疊，再撒上剩餘的柿乾，拉起 4 個角包起來捏緊。

### 二次發酵

⓫ 雙手打上手粉，將麵團的收口朝上，放入準備好的發酵籃中。

⓬ 將麵團的收口處捏緊，再鬆鬆地蓋上濕布，於室溫中靜置 50 ～ 60 分鐘，進行二次發酵。
　　→ 配合烘烤時間，將烤箱預熱至 250℃。

### 烘烤

⓭ 將裁成邊長 20cm 正方形的烘焙紙和鍋蓋依序蓋在發酵籃上，然後連同發酵籃一起上下翻面，取出麵團。

⓮ 撢掉多餘的麵粉，用割紋刀劃出喜歡的割紋，再用噴霧器將水輕輕噴在麵團上，噴 2 ～ 3 次。

⓯ 放入預熱好的烤箱中。將溫度調降至 220℃，烘烤 25 ～ 30 分鐘，然後取出，放在涼架上散熱。

# 洋甘菊佐
# 綠葡萄乾鄉村麵包

聞得到洋甘菊的香氣,吃得到綠葡萄乾的香甜。適合搭配沙拉或漬物等清爽的料理。

## 材料(圓型發酵籃,1個份)

| | |
|---|---|
| 高筋麵粉 … 170g | 綠葡萄乾 … 100g |
| 裸麥麵粉 … 30g | 鹽 … 4g |
| 洋甘菊茶的茶葉 | 蜂蜜 … 3g |
| (乾燥)… 4g | 水 … 100 ～ 120g |
| 波蘭種 … 200g | 手粉 … 適量 |
| 酵母 … 1g | |

## 作法

### 混拌

❶ 調理盆中放入鹽巴、蜂蜜、水,用打蛋器打到鹽巴溶解為止。

❷ 放入高筋麵粉、裸麥麵粉、洋甘菊的茶葉、波蘭種、酵母,改拿木鏟,攪拌到沒有粉粒為止。

### 水合

❸ 麵團成團後,用保鮮膜或盆蓋覆蓋調理盆,防止麵團表面乾燥,然後於室溫中靜置 30 分鐘,使之水合。

### 揉麵團

❹ 將綠葡萄乾撒在麵團上。準備手水,將手打濕,拉起麵團外圍的一角往中間摺疊。如此摺疊 2 ～ 3 圈(約 20 ～ 30 次),再次用保鮮膜或盆蓋覆蓋調理盆,於室溫中靜置 30 分鐘,讓麵團休息。

### 一次發酵

❺ 在麵團上撒上手粉,然後拿出來,表面朝下地放在工作檯上。攤平麵團,左右、上下各一次地往中間摺疊。

❻ 將摺疊好的麵團上下翻面後放進保鮮盒中,蓋上盒蓋,於室溫中靜置 30 分鐘,使之預備發酵。再放入冰箱冷藏 10 ～ 12 小時,使麵團發酵到脹成 2 倍大為止。

### 整型

❼ 麵團一次發酵完成後,在發酵籃及麵團表面多撒一些手粉。

❽ 用刮刀插入麵團與保鮮盒之間,刮上一圈使麵團分離,然後連同保鮮盒一起上下翻面,讓麵團慢慢掉到工作檯上。

❾ 撒上手粉,雙手伸進麵團下面,輕輕將麵團拉大一圈。

❿ 「雙手輕輕拉起麵團的一角往中間摺疊」,如此摺疊 2 圈,上下翻面。

### 二次發酵

⓫ 雙手打上手粉,將麵團的表面稍微繃緊,然後將底部收口朝上,放入準備好的發酵籃中。

⓬ 將麵團的收口處捏緊,再鬆鬆地蓋上濕布,於室溫中靜置 50 ～ 60 分鐘,進行二次發酵。
→ 配合烘烤時間,將烤箱預熱至 250℃。

### 烘烤

⓭ 將裁成邊長 20cm 正方形的烘焙紙和鍋蓋依序蓋在發酵籃上,然後連同發酵籃一起上下翻面,取出麵團。

⓮ 撢掉多餘的麵粉,用割紋刀劃出喜歡的割紋,再用噴霧器將水輕輕噴在麵團上,噴 2 ～ 3 次。

⓯ 放入預熱好的烤箱中。將溫度調降至 220℃,烘烤 25 ～ 30 分鐘,然後取出,放在涼架上散熱。

# 芝麻佐香橙鄉村麵包

用香橙來緩和芝麻的香氣。可以烤來吃,但建議
用蒸的。口感 Q 彈,放上紅豆餡一起吃也很棒!

## 材料（圓型發酵籃,1 個份）

| | |
|---|---|
| 高筋麵粉…170g | 鹽…4g |
| 裸麥麵粉…30g | 蜂蜜…3g |
| 波蘭種…200g | 水…100～120g |
| 酵母…1g | 手粉…適量 |
| 炒好的黑芝麻…30g | |
| 香橙皮…60g | |

## 事前準備

· 香橙皮太大的話,切成 1cm 小丁。

## 作法

### 混拌

❶ 調理盆中放入鹽巴、蜂蜜、水,用打蛋器打到鹽
巴溶解為止。

❷ 放入高筋麵粉、裸麥麵粉、波蘭種、酵母,改拿
木鏟,攪拌到沒有粉粒為止。

### 水合

❸ 麵團成團後,用保鮮膜或盆蓋覆蓋調理盆,防止
麵團表面乾燥,然後於室溫中靜置 30 分鐘,使之
水合。

### 揉麵團

❹ 將炒好的黑芝麻撒在麵團上。準備手水,將手
打濕,拉起麵團外圍的一角往中間摺疊。如此
摺疊 2～3 圈(約 20～30 次),再次用保鮮
膜或盆蓋覆蓋調理盆,於室溫中靜置 30 分鐘,
讓麵團休息。

### 一次發酵

❺ 在麵團上撒上手粉,然後拿出來,表面朝下地
放在工作檯上。攤平麵團,左右、上下各一次
地往中間摺疊。

❻ 將摺疊好的麵團上下翻面後放進保鮮盒中,蓋
上盒蓋,於室溫中靜置 30 分鐘,使之預備發酵。
再放入冰箱冷藏 10～12 小時,使麵團發酵到
脹成 2 倍大為止。

### 整型

❼ 麵團一次發酵完成後,在發酵籃及麵團表面多
撒一些手粉。

❽ 用刮刀插入麵團與保鮮盒之間,刮上一圈使麵
團分離,然後連同保鮮盒一起上下翻面,讓麵
團慢慢掉到工作檯上。

❾ 撒上手粉,雙手伸進麵團下面,輕輕將麵團拉大
一圈。

❿ 將香橙皮撒在攤開的麵團上,「雙手輕輕拉起
麵團的一角往中間摺疊」,如此摺疊 2 圈,上
下翻面。

### 二次發酵

⓫ 雙手打上手粉,將麵團的表面稍微繃緊,然後
將底部收口朝上,放入準備好的發酵籃中。

⓬ 將麵團的收口處捏緊,再鬆鬆地蓋上濕布,於
室溫中靜置 50～60 分鐘,進行二次發酵。
→ 配合烘烤時間,將烤箱預熱至 250℃。

### 烘烤

⓭ 將裁成邊長 20cm 正方形的烘焙紙和鍋蓋依序蓋
在發酵籃上,然後連同發酵籃一起上下翻面,
取出麵團。

⓮ 撢掉多餘的麵粉,用割紋刀劃出喜歡的割紋,
再用噴霧器將水輕輕噴在麵團上,噴 2～3 次。

⓯ 放入預熱好的烤箱中。將溫度調降至 220℃,烘
烤 25～30 分鐘,然後取出,放在涼架上散熱。

# 番茄乾佐香草鄉村麵包

添加清涼香草的麵團中，包進了適合當下酒菜的番茄乾。推薦沾橄欖油吃！

**材料**（橢圓型發酵籃，1 個份）

| | |
|---|---|
| 高筋麵粉 … 200g | 鹽 … 4g |
| 波蘭種 … 200g | 蜂蜜 … 3g |
| 酵母 … 1g | 水 … 100 ～ 120g |
| 半乾燥的番茄乾 … 60g | 手粉 … 適量 |
| 喜歡的香草（百里香、 | |
| 迷迭香、牛至等）… 15g | |

**事前準備**

‧將香草從枝條上摘下來。

## 作法

### 混拌

❶ 調理盆中放入鹽巴、蜂蜜、水，用打蛋器打到鹽巴溶解為止。

❷ 放入高筋麵粉、波蘭種、酵母，改拿木鏟，攪拌到沒有粉粒為止。

### 水合

❸ 麵團成團後，用保鮮膜或盆蓋覆蓋調理盆，防止麵團表面乾燥，然後於室溫中靜置 30 分鐘，使之水合。

### 揉麵團

❹ 將香草撒在麵團上。準備手水，將手打濕，拉起麵團外圍的一角往中間摺疊。如此摺疊 2 ～ 3 圈（約 20 ～ 30 次），再次用保鮮膜或盆蓋覆蓋調理盆，於室溫中靜置 30 分鐘，讓麵團休息。

### 一次發酵

❺ 在麵團上撒上手粉，然後拿出來，表面朝下地放在工作檯上。攤平麵團，左右、上下各一次地往中間摺疊。

❻ 將摺疊好的麵團上下翻面後放進保鮮盒中，蓋上盒蓋，於室溫中靜置 30 分鐘，使之預備發酵。再放入冰箱冷藏 10 ～ 12 小時，使麵團發酵到脹成 2 倍大為止。

### 整型

❼ 麵團一次發酵完成後，在發酵籃及麵團表面多撒一些手粉。

❽ 用刮刀插入麵團與保鮮盒之間，刮上一圈使麵團分離，然後連同保鮮盒一起上下翻面，讓麵團慢慢掉到工作檯上。

❾ 撒上手粉，雙手伸進麵團下面，輕輕將麵團拉大一圈。

❿ 將半量的半乾燥番茄乾撒在攤開的麵團上，雙手輕輕拉起麵團的左右邊，往中間摺成三褶，用竹籤將跑出來的大氣泡戳破。撒上剩餘的半乾燥番茄乾，再縱向捲起來。捲好後將兩端捏緊。

### 二次發酵

⓫ 雙手打上手粉，將麵團的收口朝上，放入準備好的發酵籃中。

⓬ 將麵團的收口處捏緊，再鬆鬆地蓋上濕布，於室溫中靜置 50 ～ 60 分鐘，進行二次發酵。
→ 配合烘烤時間，將烤箱預熱至 250℃。

### 烘烤

⓭ 將裁成邊長 20cm 正方形的烘焙紙和鍋蓋依序蓋在發酵籃上，然後連同發酵籃一起上下翻面，取出麵團。

⓮ 撢掉多餘的麵粉，用割紋刀劃出喜歡的割紋，再用噴霧器將水輕輕噴在麵團上，噴 2 ～ 3 次。

⓯ 放入預熱好的烤箱中。將溫度調降至 220℃，烘烤 25 ～ 30 分鐘，然後取出，放在涼架上散熱。

# 起司佐墨西哥辣椒鄉村麵包

起司的濃郁和墨西哥辣椒的辛辣是絕配。最好選用不會融化消失的加工起司，享受起司的烘烤美味。

## 材料（橢圓型發酵籃，1個份）

| | |
|---|---|
| 高筋麵粉 … 170g | 鹽 … 4g |
| 全麥麵粉 … 30g | 蜂蜜 … 3g |
| 波蘭種 … 200g | 水 … 90～120g |
| 酵母 … 1g | 手粉 … 適量 |
| 加工起司 … 120g | |
| 墨西哥辣椒（醋漬）… 2～3個 | |

## 事前準備

· 將加工起司切成 1cm 小丁，墨西哥辣椒切成粗末。

## 作法

### 混拌

❶ 調理盆中放入鹽巴、蜂蜜、水，用打蛋器打到鹽巴溶解為止。

❷ 放入高筋麵粉、全麥麵粉、波蘭種、酵母，改拿木鏟，攪拌到沒有粉粒為止。

### 水合

❸ 麵團成團後，用保鮮膜或盆蓋覆蓋調理盆，防止麵團表面乾燥，然後於室溫中靜置 30 分鐘，使之水合。

### 揉麵團

❹ 準備手水，將手打濕，拉起麵團外圍的一角往中間摺疊。如此摺疊 2～3 圈（約 20～30 次），再次用保鮮膜或盆蓋覆蓋調理盆，於室溫中靜置 30 分鐘，讓麵團休息。

### 一次發酵

❺ 在麵團上撒上手粉，然後拿出來，表面朝下地放在工作檯上。攤平麵團，左右、上下各一次地往中間摺疊。

❻ 將摺疊好的麵團上下翻面後放進保鮮盒中，蓋上盒蓋，於室溫中靜置 30 分鐘，使之預備發酵。再放入冰箱冷藏 10～12 小時，使麵團發酵到脹成 2 倍大為止。

### 整型

❼ 麵團一次發酵完成後，在發酵籃及麵團表面多撒一些手粉。

❽ 用刮刀插入麵團與保鮮盒之間，刮上一圈使麵團分離，然後連同保鮮盒一起上下翻面，讓麵團慢慢掉到工作檯上。

❾ 撒上手粉，雙手伸進麵團下面，輕輕將麵團拉大一圈。

❿ 將半量的加工起司和半量的墨西哥辣椒撒在攤開的麵團上，雙手輕輕拉起麵團的左右邊，往中間摺成三褶，用竹籤將跑出來的大氣泡戳破。撒上剩餘的食材，再縱向捲起來。捲好後將兩端捏緊。

### 二次發酵

⓫ 雙手打上手粉，將麵團的收口朝上，放入準備好的發酵籃中。

⓬ 將麵團的收口處捏緊，再鬆鬆地蓋上濕布，於室溫中靜置 50～60 分鐘，進行二次發酵。
→ 配合烘烤時間，將烤箱預熱至 250℃。

### 烘烤

⓭ 將裁成邊長 20cm 正方形的烘焙紙和鍋蓋依序蓋在發酵籃上，然後連同發酵籃一起上下翻面，取出麵團。

⓮ 揮掉多餘的麵粉，用割紋刀劃出喜歡的割紋，再用噴霧器將水輕輕噴在麵團上，噴 2～3 次。

⓯ 放入預熱好的烤箱中。將溫度調降至 220℃，烘烤 25～30 分鐘，然後取出，放在涼架上散熱。

專為麵包新手設計，
# 用直接法烘烤的「鄉村麵包」

直接法的魅力就是輕鬆簡單。心血來潮時揉麵團，發酵 1 小時即可。

可用過濾籃代替發酵籃。

麵包新手請先試試這種做法，但由於不耐久放，烤好後請盡早享用。

材料（圓型發酵籃，1個份）

高筋麵粉⋯250g
裸麥麵粉⋯30g
全麥麵粉⋯20g
鹽⋯4g
蜂蜜⋯3g
水⋯210 ～ 225g
酵母⋯2g
手粉⋯適量

## 作法

### 混拌

❶ 調理盆中放入鹽巴、蜂蜜、水，用打蛋器打到鹽巴溶解為止。

❷ 放入高筋麵粉、裸麥麵粉、全麥麵粉，改拿木鏟，攪拌到沒有粉粒為止。

### 水合

❸ 麵團成團後，撒上酵母 A，用保鮮膜或盆蓋覆蓋調理盆，防止麵團表面乾燥 B，然後於室溫中靜置 15 分鐘，使之水合。
　→ 酵母有點濕潤，較容易融入麵團中。
　→ 在步驟 ② 就放入酵母的話，等於還沒水合就開始發酵了，因此訣竅是在步驟 ③ 才放酵母。

### 揉麵團

❹ 準備手水，將手打濕，拉起麵團外圍的一角往中間摺疊。如此摺疊 4 ～ 5 圈（約 40 ～ 50 次）。

### 一次發酵

❺ 再次用保鮮膜或盆蓋覆蓋調理盆，於室溫中靜置 60 ～ 70 分鐘，使麵團發酵到脹成 2 倍大為止。

### 整型

❻ 麵團一次發酵完成後，在發酵籃及麵團表面多撒一些手粉。
　→ 如果沒有發酵籃，可以如照片所示，在過濾籃上鋪上一塊布來代替 C。

❼ 用刮刀插入麵團與調理盆之間，刮上一圈使麵團分離，然後連同調理盆一起上下翻面，讓麵團慢慢掉到工作檯上。

❽ 撒上手粉，雙手伸進麵團下面，輕輕將麵團拉大一圈。

❾ 「雙手輕輕拉起麵團的一角往中間摺疊」，如此摺疊 2 圈，上下翻面。

### 二次發酵

❿ 雙手打上手粉，將麵團的表面稍微繃緊，然後將底部收口朝上，放入準備好的發酵籃中。

⓫ 將麵團的收口處捏緊，再鬆鬆地蓋上濕布，於室溫中靜置 50 ～ 60 分鐘，進行二次發酵。
　→ 配合烘烤時間，將烤箱預熱至 250℃。

### 烘烤

⓬ 將裁成邊長 20cm 正方形的烘焙紙和鍋蓋依序蓋在發酵籃上，然後連同發酵籃一起上下翻面，取出麵團。

⓭ 揮掉多餘的麵粉，用割紋刀劃出喜歡的割紋，再用噴霧器將水輕輕噴在麵團上，噴 2 ～ 3 次。

⓮ 放入預熱好的烤箱中。將溫度調降至 220℃，烘烤 25 ～ 30 分鐘，然後取出，放在涼架上散熱。

# 用各種麵粉烘烤的「鄉村麵包」

## 標準材料

**材料**（圓型發酵籃，1個份）

麵粉（高筋麵粉、準高筋麵粉，或是
　高筋麵粉＋低筋麵粉）…150g
裸麥麵粉…30g
全麥麵粉…20g
波蘭種…200g
酵母…1g
鹽…4g
蜂蜜…3g
水…推薦加水量
手粉…適量

＊使用準高筋麵粉的話，就用準高筋麵粉做成的波蘭種。

【高筋麵粉】

**Type**：北國之香（江別製粉）

☐ 推薦加水量 140g（粉量：水＝100：80）

北海道產的「北國之香」麵粉，吸水性佳，能烘烤出口感Q彈、滋味鮮甜的鄉村麵包。它還有一個特色，就是擴展時間很長，因此不易失敗。

**Type**：特級山茶花（日清製粉）

☐ 推薦加水量 140g（粉量：水＝100：80）

這是一種混合了外國產麵粉的高筋麵粉。雖然名為「特級」，但很容易入手，價格便宜，因此深受歡迎。至於味道，有著一般麵包的簡單風味，很適合開始學做麵包的新手使用。

**Type**：南方之香（東福製粉）

☐ 推薦加水量 125g（粉量：水＝100：75）

這是九州生產的高筋麵粉。沒有「北國之香」那麼甜，但富有麵包的香氣。滋味鮮美、香氣怡人，而且口感清爽，適合製作鄉村麵包之類的硬式麵包。

原本鄉村麵包是用準高筋麵粉做的，但這種麵粉一般家庭較難取得，

因此本書介紹的做法都已經替換成高筋麵粉了。

使用不同產地、種類的麵粉，可以發現不同的風味，十分有趣。

【準高筋麵粉】

**Type：ER**（江別製粉）

☐ 推薦加水量 95g（粉量：水＝ 100：65）

裡面混合了北海道產的準高筋麵粉，特色是吸水性佳、口感 Q 彈、容易搓揉。此外，長時間發酵能夠增加香氣而美味加倍，可說相當適合本書介紹的做法。

**Type：百合花**（日清製粉）

☐ 推薦加水量 104g（粉量：水＝ 100：68）

裡面混合了外國產的準高筋麵粉。吸水性佳，風味簡單。長時間發酵的話，能夠發揮出麵粉本來的鮮甜。價格便宜也是一大優點。

【高筋麵粉＋低筋麵粉】

**Type：日本產的高筋麵粉＋低筋麵粉**（1:1）

☐ 推薦加水量 110g（粉量：水＝ 100：70）

「北國之香」（高筋麵粉）加「多路秋」（Dolce，低筋麵粉）。這兩種麵粉都有甜味，很適合相搭，可以做出香甜的鄉村麵包。

**Type：外國產的高筋麵粉＋低筋麵粉**（1:1）

☐ 推薦加水量 110g（粉量：水＝ 100：70）

外國產的「特級山茶化」（高筋麵粉）＋「特級紫羅蘭」（Super Violet，低筋麵粉）。這兩種麵粉都是「特級」又容易入手。烤出來的麵包滋味清爽、口感酥脆。

# 各種割紋方法&創意

在麵團上割出紋路，除了避免麵團在烤箱中爆裂、破底外，
也是烤出麵包美味的一項重要作業。
此外，割紋在烤箱中美麗地綻開，水分便能從中釋出，
讓麵包適當地膨脹而帶有 Q 彈感，並且外皮酥脆芳香。

／**How to**／

〔1〕先劃劃看

在真正下刀之前，先沿著要下刀的線條
畫畫看會比較有把握。

〔2〕角度、深度

以面對麵包 45 度角切入。若要切出花
紋或切入很多刀的話，切入的深度為
3mm，若只是簡單地劃幾刀，就切入
5mm 深。

〔3〕方向

割紋刀的刀刃僅能朝同一方向移動。如
果不太切得開，可以再次沿線重新劃入，
但務必同方向移動。如果反方向重新劃
入，烤出來的紋路會不好看。

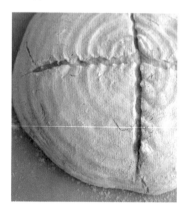

〔4〕等待

割好紋路後，等待 10 ～ 20 秒，確認紋
路都割開後再放入烤箱。如果紋路沒割
開就放入烤箱，烤箱內的熱氣會讓麵團
在紋路沒開的情況下就烤乾了。

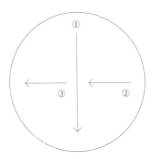

· 基本鄉村麵包
· 迷你巧克力鄉村麵包
· 柿乾鄉村麵包

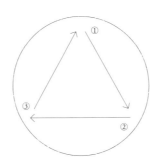

· 薑黃鄉村麵包

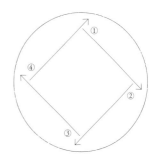

· 全麥鄉村麵包
· 洋甘菊佐綠葡萄乾鄉村麵包

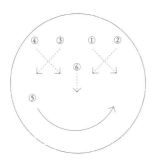

· 雜糧鄉村麵包

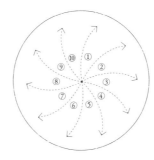

· 裸麥優格鄉村麵包
· 芝麻佐香橙鄉村麵包

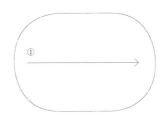

· 裸麥鄉村麵包
· 小型蔓越莓佐小豆蔻鄉村麵包
· 小型栗子佐莓果鄉村麵包
· 小巧櫻花佐甜豌豆鄉村麵包
· 番茄乾佐香草鄉村麵包

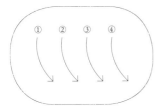

· 原味鄉村麵包
· 葡萄乾鄉村麵包
· 起司佐墨西哥辣椒鄉村麵包

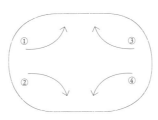

· 蕎麥鄉村麵包

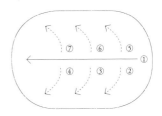

· 核桃鄉村麵包

# Dishes

### 與鄉村麵包絕搭的料理

## 白花椰菜濃湯

### 材料（2 人份）

白花椰菜 … 150g（約 1/2 顆）
洋蔥 … 1/4 個
高湯粉 … 1/3 小匙
奶油 … 2 ～ 3 大匙
牛奶 … 1/2 杯
鹽 … 1/3 小匙
胡椒 … 少許

### 作法

❶ 白花椰菜分成小朵，再切成 2cm 的滾刀塊。洋蔥切成 5mm 厚。

❷ 鍋中放入 ①、水 1 杯（份量外）、高湯粉、奶油，蓋上鍋蓋，以中火加熱。煮沸後轉小火，煮 10 分鐘至白花椰菜軟爛為止。

❸ 熄火，用手持電動攪拌器攪拌到滑順為止，放入牛奶，以小火加熱，再以鹽和胡椒調味。

**MEMO**

· 高湯粉可隨個人喜好省略。
· 牛奶可用豆漿代替，但是調味後煮沸很容易分離，須留意。

## 火腿佐茅屋起司三明治

### 材料（2 人份）

喜歡的鄉村麵包（8mm 厚）
　… 4 片
火腿 … 4 片
皺葉萵苣 … 4 片
茅屋起司 … 50g
橄欖油 … 4 小匙

### 作法

❶ 在每一片鄉村麵包的單面淋上橄欖油，塗抹開來。

❷ 拿 2 片麵包，分別在塗上橄欖油那一面依序放上茅屋起司、2 片皺葉萵苣、2 片火腿、茅屋起司，然後夾上剩餘的麵包。

**MEMO**

· 高火腿可用煙燻鮭魚代替，橄欖油可用奶油或美乃滋代替。

## 法式烤吐司

### 材料（2 人份）

喜歡的鄉村麵包（1.5cm 厚）
　… 2 片
蛋 … 1 個
牛奶 … 1 杯
糖 … 2 小匙
奶油 … 適量
楓糖漿（或蜂蜜）… 適量

### 作法

❶ 調理盆中放入蛋、牛奶、糖，用打蛋器充分攪拌後，倒入平底方盤。

❷ 將鄉村麵包浸在 ① 中，靜置 15 分鐘讓麵包吸收蛋汁。中途要翻面，讓兩面都充分吸收蛋汁。

❸ 平底鍋中放入奶油，以中火加熱，再放入 ② 的鄉村麵包。煎 1 分半鐘到煎出焦色後，翻面續煎。兩面煎好後放至盤中，淋上楓糖漿享用。

**MEMO**

· 想讓麵包迅速吸收蛋汁的話，可以用叉子戳幾個洞再浸泡，但這樣雖會加快速度，麵包也容易變形，煎的時候須小心。

# 奇異果佐酪梨開放式三明治

材料（2 人份）

喜歡的鄉村麵包（1cm 厚）… 2 片
奇異果… 1 顆
酪梨（已經成熟的）… 1/2 個
生火腿… 4 片
鹽… 少許

## 作法

❶ 奇異果去皮，切成 1.5cm 的小丁。酪梨去皮，對半切開。

❷ 在 2 片麵包上各放半量的酪梨，用叉子壓爛塗開後，再撒上奇異果丁，放上生火腿，然後撒鹽。

**MEMO**
· 奇異果可用芒果（冷凍可）等南國風味的水果代替。
· 鹽巴的份量依生火腿的鹹度調整。

# 義式蔬菜湯

材料（2～3 人份）

| | |
|---|---|
| 洋蔥… 1/4 個 | 培根… 2 片 |
| 芹菜… 1/4 根 | 高湯粉… 1/3 小匙 |
| 胡蘿蔔… 1/5 根 | 白酒… 2 大匙 |
| 馬鈴薯… 1 個 | 橄欖油… 1 大匙 |
| 高麗菜葉… 3 片 | 鹽… 1/3 小匙 |
| 番茄… 中 1 個 | 胡椒… 少許 |
| 蒜… 1/2 片 | |

## 作法

❶ 洋蔥和芹菜切成 3mm 厚。胡蘿蔔和馬鈴薯去皮，切成 3mm 厚的扇形。高麗菜葉切成大滾刀塊，番茄切成 1cm 小丁。大蒜壓碎，培根切成 1cm 寬。

❷ 鍋中放入洋蔥、芹菜、大蒜、培根，淋上白酒和橄欖油。撒上少許鹽巴（份量外），蓋上鍋蓋，以中火邊蒸邊炒到軟爛為止。

❸ 放入剩下的蔬菜、高湯粉、水 1+1/2 杯（份量外）。煮沸後轉小火，隨時撈去浮沫，煮 10 分鐘到根菜類變軟為止。

❹ 待高麗菜煮爛，葉子褪色後，以鹽巴和胡椒調味。

**MEMO**
· 高湯粉可隨個人喜好省略。
· 白酒可用其他酒類代替。沒有酒的話，就放入同份量的水。
· 橄欖油可用麻油代替，變成中華風味的湯品。

## 羽衣甘藍
## 佐堅果沙拉

### 材料（2 人份）

羽衣甘藍的葉子（沙拉用）
　…120g
洋蔥…1/6 個
榛果…20g
沙拉醬
　黃芥末粒…1 大匙
　沙拉油…2 小匙
　糖…1 小匙
　鹽…少許

### 作法

❶ 羽衣甘藍的葉片撕成 3 ～ 4cm 大，洋蔥切成極薄片，然後一起放入冰水中浸泡 10 分鐘使之變脆，再瀝乾水分。

❷ 用平底鍋炒榛果，約炒 3 ～ 4 分鐘到出現香氣，切成粗末。將沙拉醬的材料混拌備用。

❸ 盤中放上羽衣甘藍的葉片和洋蔥、榛果，淋上沙拉醬。旁邊放上烤好的鄉村麵包。

**MEMO**
‧黃芥末粒依品牌不同，鹽分及糖分皆不同，請斟酌使用。

## 紐奧良
## 雞肉三明治

### 材料（2 ～ 3 人份）

喜歡的鄉村麵包（8mm 厚）
　…6 片
雞胸肉…1 片
紐奧良香料（含鹽）…2 小匙
生菜…5 ～ 6 片
美乃滋…2 ～ 3 大匙

### 作法

❶ 雞肉表面撒上紐奧良香料，輕輕搓揉後，放入冰箱冷藏 15 分鐘使之入味。

❷ 生菜放入冰水中浸泡 10 分鐘使之變脆，再瀝乾水分。

❸ 將 ① 放入烤魚烤箱中，以中火烤 8 ～ 10 分鐘，然後趁熱削切成 1.5cm 厚。

❹ 拿出 3 片鄉村麵包，將半量的美乃滋塗在每一片麵包的單面上，並放上生菜、雞肉、美乃滋，再夾上剩下的麵包。

**MEMO**
‧美乃滋可用起司片代替。
‧如果使用無鹽的紐奧良香料，應再放入 1/3 小匙的鹽。

## 檸檬醃魚

### 材料（2 人份）

生魚片（真鯛、扇貝等拼盤）…200g
檸檬榨汁…1 大匙
鹽…1/3 小匙
洋蔥…1/2 個
小黃瓜…1/2 根
酪梨…1/2 個
番茄…中 1 個
香菜…5 根
沙拉醬
　魚露…2 小匙
　TABASCO辣椒醬（綠色）…5 ～ 7 滴
　糖…1 小匙
　沙拉油…1 大匙

### 作法

❶ 調理盆中放入生魚片、檸檬榨汁、鹽，輕輕混拌。覆蓋保鮮膜，放入冰箱冷藏 10 分鐘使之入味。將沙拉醬的材料混合備用。

❷ 洋蔥切成極薄片，放入冷水中浸泡 10 分鐘去掉辛辣，然後瀝乾水分。小黃瓜縱向對切，再斜切成薄片。酪梨去皮，然後同番茄切成 3 ～ 4cm 塊狀。香菜摘出葉片，莖的部分則切成 2 ～ 3cm 長。

❸ 從冰箱拿出 ① 的生魚片，然後和蔬菜、沙拉醬一起混拌，盛盤。漿享用。

# 獅子頭白菜湯

材料（2 人份）

獅子頭

　豬絞肉…200g
　青蔥…1/2 根（切碎）
　生薑…1/3 瓣（切碎）
　酒…1 大匙
　醬油…1 小匙
　炒白芝麻…2 小匙
　太白粉…2 小匙
大白菜…200g
麻油…2 小匙
鹽…1/4 小匙
醬油…少許

作法

❶ 製作獅子頭。調理盆中放入所有材料，揉至呈黏稠狀為止，分成 2 等分，揉成圓球狀。

❷ 鍋中放入麻油，以中火加熱，放入獅子頭，邊煎邊上下翻面 2～3 次，煎至表面呈金黃色為止。

❸ 放入切成 1cm 寬的大白菜、水 2 杯（份量外），煮沸後轉小火，蓋上鍋蓋，續煮 10 分鐘至獅子頭煮熟為止。

❹ 用鹽巴和醬油調味。旁邊放上蒸好的鄉村麵包。

# 清蒸白酒蛤蜊

材料（2 人份）

蛤蜊…300g
蒜…1 瓣
白酒…2 大匙
奶油…2 大匙
喜歡的香草
（牛至、百里香等）…適量
鹽…少許

作法

❶ 蛤蜊先不洗，直接放入鹽分 3% 的鹽水（份量外）中，浸泡 1～2 小時使之吐沙，然後分批拿出來在流水下搓洗，將表面的污垢洗淨後瀝乾。大蒜搗碎備用。

❷ 鍋中放入所有材料，蓋上鍋蓋，以中火加熱 4～5 分鐘，時而攪拌，待蛤蜊開口後即可盛盤，旁邊放上用 BBQ 方式烤好的鄉村麵包。

MEMO

‧蛤蜊久煮的話，肉會緊縮變硬，因此不宜久煮。
‧奶油可用橄欖油代替。
‧沒有新鮮香草的話，也可用乾燥品代替。可隨喜好放入胡椒或紅辣椒。

## TITLE

麵團發酵食研室

## STAFF

| | |
|---|---|
| 出版 | 三悅文化圖書事業有限公司 |
| 作者 | 村吉雅之 |
| 譯者 | 林美琪 |
| 總編輯 | 郭湘齡 |
| 責任編輯 | 張聿雯 |
| 文字編輯 | 徐承義　蕭妤秦 |
| 美術編輯 | 許菩真 |
| 排版 | 沈蔚庭 |
| 製版 | 明宏彩色照相製版有限公司 |
| 印刷 | 桂林彩色印刷股份有限公司 |
| 法律顧問 | 立勤國際法律事務所　黃沛聲律師 |
| 戶名 | 瑞昇文化事業股份有限公司 |
| 劃撥帳號 | 19598343 |
| 地址 | 新北市中和區景平路464巷2弄1-4號 |
| 電話 | (02)2945-3191 |
| 傳真 | (02)2945-3190 |
| 網址 | www.rising-books.com.tw |
| Mail | deepblue@rising-books.com.tw |
| 初版日期 | 2020年7月 |
| 定價 | 360元 |

國家圖書館出版品預行編目資料

麵團發酵食研室 / 村吉雅之作；林美琪
譯. -- 初版. -- [新北市]：三悅文化圖書,
2020.07
96面；18.2X25.7公分
譯自：カンパーニュ 冷蔵庫仕込みでじ
っくり発酵
ISBN 978-986-98687-6-1(平裝)
1.點心食譜
427.16　　　　　　　　109009025

タイトル：「冷蔵庫仕込みでじっくり発酵。カンパーニュ」
著者：ムラヨシ マサユキ
© 2018 Masayuki Murayoshi
© 2018 Graphic-sha Publishing Co., Ltd.
This book was first designed and published in Japan in 2018 by Graphic-sha
Publishing Co., Ltd.
This Complex Chinese edition was published in 2020 by SAN YEAH
PUBLISHING CO.,LTD.

Japanese edition creative staff
Photograph: Yasuo Nagumo
Styling: Mariko Nakazato
Design: Akari Takahashi, Mariko Sugaya (Marusankaku)
Cooking assistant: Moeka Suzuki
Planning and editing: Yoko Koike (Graphic-sha Publishing Co.,Ltd.)